"十三五"国家重点出版物出版规划项目

知识产权经典译丛（第5辑）

国家知识产权局专利局复审和无效审理部◎组织编译

专利组合：
质量、创造和成本

［美］拉里·M. 戈德斯坦（Larry M. Goldstein）◎著

代丽华◎译

知识产权出版社

全国百佳图书出版单位

—北京—

图书在版编目（CIP）数据

专利组合：质量、创造和成本/（美）拉里·M. 戈德斯坦著；代丽华译. —北京：知识产权出版社，2020.1

书名原文：Patent Portfolios – Quality, Creation, and Cost

ISBN 978 – 7 – 5130 – 6384 – 5

Ⅰ. ①专… Ⅱ. ①拉… ②代… Ⅲ. ①专利—研究 Ⅳ. ①G306

中国版本图书馆 CIP 数据核字（2019）第 262289 号

内容提要

本书提出并解答了三个关键问题：其一，什么才是品质卓越的专利组合？其二，如何才能将品质卓越的专利组合收入麾下？其三，我们需要为获取品质卓越的专利组合付出什么？通过对这三个问题的细致论述与精妙分析，经验丰富且见解独到的作者犀利地切中了专利组合管理的要害，为读者清晰地指引出了通往成功的道路。

读者对象：专利管理者、专利代理师、法律工作者、科技管理人员、财务分析人员及相关领域研究人员

| 责任编辑：卢海鹰　王瑞璞 | 责任校对：王　岩 |
| 执行编辑：周　也 | 责任印制：刘译文 |

知识产权经典译丛

国家知识产权局专利局复审和无效审理部组织编译

专利组合：质量、创造和成本

[美] 拉里·M. 戈德斯坦（Larry M. Goldstein）　著

代丽华　译

出版发行：**知识产权出版社** 有限责任公司	网　址：http://www.ipph.cn
社　址：北京市海淀区气象路 50 号院	邮　编：100081
责编电话：010 – 82000860 转 8116	责编邮箱：wangruipu@cnipr.com
发行电话：010 – 82000860 转 8101/8102	发行传真：010 – 82000893/82005070/82000270
印　刷：三河市国英印务有限公司	经　销：各大网上书店、新华书店及相关专业书店
开　本：720mm×1000mm　1/16	印　张：11.75
版　次：2020 年 1 月第 1 版	印　次：2020 年 1 月第 1 次印刷
字　数：220 千字	定　价：75.00 元

ISBN 978 -7 -5130 -6384 -5

京权图字：01-2019-7425

出版权专有　侵权必究

如有印装质量问题，本社负责调换。

总　序

当今世界，经济全球化不断深入，知识经济方兴未艾，创新已然成为引领经济发展和推动社会进步的重要力量，发挥着越来越关键的作用。知识产权作为激励创新的基本保障，发展的重要资源和竞争力的核心要素，受到各方越来越多的重视。

现代知识产权制度发端于西方，迄今已有几百年的历史。在这几百年的发展历程中，西方不仅构筑了坚实的理论基础，也积累了丰富的实践经验。与国外相比，知识产权制度在我国则起步较晚，直到改革开放以后才得以正式建立。尽管过去三十多年，我国知识产权事业取得了举世公认的巨大成就，已成为一个名副其实的知识产权大国。但必须清醒地看到，无论是在知识产权理论构建上，还是在实践探索上，我们与发达国家相比都存在不小的差距，需要我们为之继续付出不懈的努力和探索。

长期以来，党中央、国务院高度重视知识产权工作，特别是十八大以来，更是将知识产权工作提到了前所未有的高度，作出了一系列重大部署，确立了全新的发展目标。强调要让知识产权制度成为激励创新的基本保障，要深入实施知识产权战略，加强知识产权运用和保护，加快建设知识产权强国。结合近年来的实践和探索，我们也凝练提出了"中国特色、世界水平"的知识产权强国建设目标定位，明确了"点线面结合、局省市联动、国内外统筹"的知识产权强国建设总体思路，奋力开启了知识产权强国建设的新征程。当然，我们也深刻地认识到，建设知识产权强国对我们而言不是一件简单的事情，它既是一个理论创新，也是一个实践创新，需要秉持开放态度，积极借鉴国外成功经验和做法，实现自身更好更快的发展。

自 2011 年起，国家知识产权局专利复审委员会*携手知识产权出版社，每年有计划地从国外遴选一批知识产权经典著作，组织翻译出版了《知识产权经典译丛》。这些译著中既有涉及知识产权工作者所关注和研究的法律和理论问题，也有各个国家知识产权方面的实践经验总结，包括知识产权案

---

* 编者说明：根据 2018 年 11 月国家知识产权局机构改革方案，专利复审委员会更名为专利局复审和无效审理部。

件的经典判例等，具有很高的参考价值。这项工作的开展，为我们学习借鉴各国知识产权的经验做法，了解知识产权的发展历程，提供了有力支撑，受到了业界的广泛好评。如今，我们进入了建设知识产权强国新的发展阶段，这一工作的现实意义更加凸显。衷心希望专利复审委员会和知识产权出版社强强合作，各展所长，继续把这项工作做下去，并争取做得越来越好，使知识产权经典著作的翻译更加全面、更加深入、更加系统，也更有针对性、时效性和可借鉴性，促进我国的知识产权理论研究与实践探索，为知识产权强国建设作出新的更大的贡献。

当然，在翻译介绍国外知识产权经典著作的同时，也希望能够将我们国家在知识产权领域的理论研究成果和实践探索经验及时翻译推介出去，促进双向交流，努力为世界知识产权制度的发展与进步作出我们的贡献，让世界知识产权领域有越来越多的中国声音，这也是我们建设知识产权强国一个题中应有之意。

申长雨

2015 年 11 月

作者简介

　　拉里·M. 戈德斯坦（Larry M. Goldstein）是一位美国专利律师，专攻信息和通信技术领域。先后取得文学学士学位（哈佛大学）、工商管理硕士学位（西北大学凯洛格商学院），以及法学博士学位（芝加哥大学法学院），主要工作包括评估专利质量、管理专利组合，以及积极参与专利申请的起草和审查。戈德斯坦先生主编了《专利质量丛书》，一共 4 卷，包含《临时专利申请：使用与滥用》（*Provisional Patent Applications*：*Use and Abuse*，与吉·佩尔伯格先生合著，2018）、《攻坚专利：避免最常见的专利错误》（*Ligation-proof Patents*：*Avoiding the Most Common Patent Mistakes*，2014）、《专利组合：质量、创造和成本》（*Patent Portfolios*：*Quality*，*Creation and Cost*，2015），以及《专利的真正价值：判定专利和专利组合的质量》（*True Patent Value*：*Defining Quality in Patents and Patent Portfolios*，2013），其中，后两本图书的中译本收录在知识产权出版社有限责任公司出版的《知识产权经典译丛》中。戈德斯坦先生还帮助构建了 3G 宽带码分多址技术 FRAND 许可的专利池，并且与布赖·N. 凯西合著了《技术专利许可：21 世纪专利许可、专利池和专利平台的国际性参考书》（*Technology Patent Licensing*：*An International Reference on 21st Century Patent Licensing*，*Patent Pools and Patent Platforms*，2004）一书。该书已被翻译成中文并于 2018 年 1 月由法律出版社出版。关于作者的详细信息可以参考其个人网页 http://truepatentvalue.com/。

译者简介

代丽华，中央财经大学经济学博士，美国纽约州立大学布法罗分校联合培养博士，山东师范大学经济学院专任教师。近年来主要从事知识产权经济学的相关研究，先后参与了"区域创新产出的空间关联及溢出效应研究""国际技术转移与我国工业结构升级""促进山东省科技创新服务业发展的关键问题研究""专利组合评价与目标企业耦合度研究""山东省知识产权运营服务模式建设"等多项课题。并参与撰写了《开展新能源营运车辆专利导航项目研究》《专利组合的评价及与目标企业的耦合度研究》及《山东省知识产权运营服务模式创新试点工作总结》等专业报告。

致 谢

感谢下面阅读了本书全部或部分章节的人们：杰弗里·L. 卡特（HighTech – Solutions 公司的董事长兼首席执行官，科罗拉多州斯普林斯市），纳塔利亚·德沃森（Sughrue Mion 律师事务所合伙人，华盛顿特区）以及伊莱·雅各比（专利咨询师，赖阿南纳，以色列）。

一如既往地感谢帕兹·科尔科斯杰出的封面图形设计，以及 A. S. 马泽尔杰出的排版工作。

题　献

犹太教《巴比伦塔木德》中有一个关于一位老人正在种植角豆树的故事。有一个过路人问他：

"老头儿，告诉我，这棵树结出果子之前将需要多久的时间？"

"70 年。"老头儿回答道。

"你确定你还能再活 70 年？"

老头儿说："当我出生到这个世界时，我发现了许多老一辈人种下的角豆树。就像他们为我种树一样，我为我的孩子们种树。"[1]

这个故事表达了我完成这本书时的感受。当我来到这个世界时，赤身裸体，但这个世界却不是。正如我发现这个世界穿了衣服一样，我也要为后来的人们披上我自己的斗篷。我感谢上天让我有机会为从事专利事业的人们作出小小的贡献。

谨以本书献给那些为了后代而给这个世界披上衣服的人们。

---

[1] 《巴比伦塔木德》（*Babylonian Talmud*），泰坦特·塔尼特（Tractate Ta'anit），页码：23a.

原著前言*

本书的目的

亚伯拉罕·林肯是唯一一位拥有专利的美国总统❶，他在 1858 年说道："专利制度——在发现和生产新的有用的东西方面为天才之火添加利益之油。"❷

当然，林肯总统仅说到了专利制度的卓越。而我坚信，专利和专利组合的质量非常重要。就像林肯先生一样，我相信高质量的专利对专利持有人和整个社会都具有极高的价值。我还相信，质量差的专利充其量浪费了时间和金钱，甚至会造成社会的负担。

本书探讨的内容是被称为"专利组合"的专利集合的质量。本书尝试回答以下三个基本问题。

① 什么是卓越的专利组合？
② 怎样才可能获得卓越的专利组合？
③ 获得卓越的专利组合需要的成本会是什么？

本书的目的是帮助提升专利组合的质量和价值。本书首先识别使专利组合变得卓越的特征（第一章），讨论获得卓越专利组合的各种途径（第二章），并且阐述企业进行投资预算以获得此类专利组合的主要方法（第三章），最后总结了书中讨论的主要观点，并以问题和答案的方式呈现（第四章）。

卓越的专利组合

为什么专利组合很重要？或者更确切地说，相对于单件专利来说，专利组合的重要性如何凸显？

事实是，没有任何单件专利能与一个卓越专利组合的实力相匹配。每一件

---

* 原著成书于 2014 年，故书中一些情况是以 2014 年的视角来说明的。——编辑注

❶ 林肯总统所持有专利号 US6469 "浮标船克服浅滩" 专利。该专利于 1849 年 3 月 10 日提交申请，1849 年 5 月 22 日公布。林肯总统发明了一种方法，即浮标船可以利用一种可伸缩的空间来克服遇到的障碍。这一想法几乎肯定是来源于总统在密西西比河的旅途过程。

❷ "关于发现和发明的演讲"（Lecture on discoveries and inventions），亚伯拉罕·林肯，1858 年 4 月 6 日，布卢明顿，伊利诺伊州，该资源可在 http://www.abrahamlincolnonline.org/lincoln/speeches/discoveries.htm 查到（最后一次浏览于 2014 年 11 月 15 日）。被引用的部分位于演讲最后的结论部分。

专利，无论质量好坏、价值高低，都常常会遭受专利局变化无常的不断审查，并且常常会遭受各类法院以及行政法庭的诉讼。无论这件专利多么优秀，都可能被宣告整体无效，或者单个权利要求可能被放弃、修改，或被认为无法实施。对于单个专利来说，没有绝对的保护。

同样地，对于专利组合来说，也没有绝对的保护，但是卓越的专利组合相对于单件专利来说具有更大的优势。一个卓越专利组合中的所有权利要求都被无效，发生这种事情的概率极低。另外，在一个集合而成的组合中，各种专利和权利要求可以为创新构想创造出最大的覆盖范围。这些构想在本书中被称为"创新点"。无论是从"覆盖范围"，即一个创新点的体现和实施的多样性，还是从"覆盖深度"，即从属权利要求支持独立权利要求的程度来看，一个专利组合都是和单件专利完全不同的存在。

专利质量丛书

本书《专利组合：质量、创造和成本》（*Patent Portfolios：Quality，Creation，and Cost*，以下简称《专利组合》）属于"专利质量丛书"四部曲之一。该丛书是笔者关于专利质量和专利价值的想法汇编。

四部曲中的第一部书《专利的真正价值：判定专利和专利组合的质量》（*True Patent Value：Defining Quality in Patents and Patent Portfolios*，以下简称《专利的真正价值》）出版于 2013 年 7 月，包含对单件专利质量和价值的详细讨论。第一部书中的某些概念会被本书引用，并且第一部书被引用时标记为"TPV"。丛书中的第二部《攻坚专利：避免最常见的专利错误》（*Litigation – Proof Patents：Avoiding the Most Common Patent Mistakes*）出版于 2014 年 10 月，定义了专利中 10 种最常见的错误，并且解释了如何避免这些错误以提高专利质量和专利价值。本书《专利组合》是"专利质量系列丛书"中的第三部，并且专门关注了专利组合，但是本质上来说可以讨论单个专利对专利组合的贡献。在 2018 年，丛书中的第四部《临时专利申请：使用与滥用》（*Provisional Patent Applications：Use and Abuse*）出版，该书系笔者与吉·佩尔伯格先生（Mr. Gil Perlberg）合著。

如同笔者其他所有书籍一样，这里的专利是指与 ICT 产业领域有关的专利。ICT 是"信息、通信和技术"的首字母缩写。ICT 实质上包含物理、通信、电子，以及机械领域的所有产业，但并不包含被称为 BCP 产业中的技术。BCP 是"生物技术、化学和医药"的首字母缩写。本书中所讨论的一些关于 ICT 的原则确实也适用于 BCP 专利，但是 BCP 专利和 ICT 专利之间仍存在很多不同，本书中并没有讨论。本书明确讨论基于 ICT 技术的专利组合。

章节要点

第一章讲述了专利组合的基本概念,特别是本书副标题"质量、创造和成本"中的"质量"的概念。第一章做了 3 件事情。

第一,定义了"专利组合"的概念,并且解释了专利组合和单个专利在哪些关键方面有所不同。

第二,展示并讲解了和高质量专利组合相关的 10 条原则。这些原则分别隶属于企业和专利战略、卓越专利组合的特性以及管理专利组合这 3 个大分类项下。

第三,列举了 4 个专利组合的例子用以说明上述讨论的原则。这些例子取自各种各样的公司和产业,包括捷邦安全软件科技有限公司(专注于防火墙)、Silanis 科技公司(专注于电子签名软件)、富士胶片株式会社(专注于一次性手持相机)以及高通公司(专注于蜂窝技术)。所用这些例子最早出现在笔者的第一部书 TPV 中,但这里关注的重点则完全是专利组合以及组合中的卓越原则。

第二章讨论了创造一个卓越专利组合的各种方法,并且特别关注本书副标题"质量、创造和成本"中的"创造"的概念。第二章做了 4 件事情。

第一,解释了创造一个卓越专利组合涉及的关键概念。

第二,讨论了一个特别重要的被称为"技术拐点"的概念。

第三,提出了专利组合中常常被提起的两个经典问题。第一个问题是"创建抑或购买"。该问题关于企业应该完全从内部创新中创建公司的专利组合,抑或从外部购买专利?第二个问题是"质量抑或数量"。该问题关于企业最初在专利领域的努力应该集中于获取少量高品质的专利,还是更应该开发大量中等质量的专利?

第四,展示了一个企业可以用来建立并管理内部专利项目的模型。从这个意义上讲,"内部"指专利程序的管理在公司内部,当然也必须在内部。专利可能由公司员工所写,也可能由外部的专利专家所写。

第三章讨论了获得卓越专利组合可以采用的各种预算投资方法,并且特别关注本书副标题"质量、创造和成本"中的"成本"的概念。❶。第三章做了

---

❶ "专利成本"和"专利投资"这两种措辞听起来是可以交替使用的,在本书中这两个措辞被交替使用。从会计的角度来说,"成本"通常指在当年发生的被扣除的费用,而"投资"则创造了可能仅仅需要随时间进行摊销的资产。事实上,企业内部创造专利的费用被认为是"成本"。这一成本可能会被立即花掉,而购买专利则创造了一项资产,可能仅仅需要随时间进行摊销。这些会计上的差异都不属于本书的讨论范围和目的——"专利成本"和"专利投资"这两种措辞被交替使用,不考虑会计处理或者税收的问题。

4 件事情。

第一，展示了专利预算常用的 4 种方法中的第一个。这种方法为自上而下的预算方法。在该方法中，投资额度是根据一个一般投资基准来分配的，专利组合于是根据预算投资额进行规划。这一方法，即先留出特定金额随后规划结果的方法，是非常普遍的一种方法，在大公司尤为普遍。

第二，展示了专利预算常用的 4 种方法中的第二个。这种方法为自下而上的预算方法。该方法将特定的成果（专利和专利申请的数量以及地点）作为目标，然后分配资金来实现这些特定的成果。这也是一种常用的方法，在小企业和初创企业中尤为普遍。

第三，展示了专利预算常用的 4 种方法中的第三个。这种方法为竞争性的预算方法。在该方法中，公司的第一步是识别其竞争者，第二步是识别这些竞争者的相对投资额和获得的专利成果，第三步是运用这些信息作为基准来决定自己希望和竞争者处于怎样的相对位置。对于存在大型上市公司的产业来说，合理的方法就是基于收益、研发投资和专利产生一个基准——我们运用防火墙产业的例子对此作了解释。对于由私营公司占据支配地位的产业来说，合理的方法就是仅仅基于专利信息产生一个基准——我们运用电子签名产业的例子对此作了解释。

第四，展示了专利预算常用的 4 种方法中的第四个。事实上，大多数预算方法都不是单纯的自上而下（投资和成本）、自下而上（成果），或者竞争性的预算方法。不如说，它们是投资、成果、竞争地位的各种可能组合中的某一种。第三章结尾讨论了混合预算方法，并进一步讨论了目标成果、目标成本和目标竞争地位之间的冲突解决问题。无论最终选择哪种方法，冲突一定会有，也一定会被解决。

第四章是对本书主要观点的总结，以问题和答案的方式呈现，其涉及下面几个主要话题。

话题 1：一个卓越专利组合的基本特征。

话题 2：管理专利组合。

话题 3：专利预算。

话题 4：特殊话题。

    a. 技术拐点。

    b. 专利整合。

    c. 专利评估。

目　　录

第一章
什么是卓越的专利组合？

第一章定义了"专利组合"的概念，并解释了单件专利和专利组合的区别，同时也列出并说明了卓越专利组合的 10 条重要原则，然后列举了 4 个专利组合的例子。并不是每一个例子都代表了卓越的专利组合，但它们都使我们对"一个卓越的专利组合"的含义有了深刻的认识。最后，在结论部分列出了卓越专利组合的具体特征。

1. 专利组合的定义

什么是专利组合？最广义的定义是"由单一的实体——如公司或个人——所拥有的一组相关或不相关的专利和专利申请的集合"。❶ 这个定义是广义的，因为它包含了一家公司或个人所拥有的每一件专利。这个定义也是毫无意义的，因为那些不相关的专利是作为完全独立的实体来发挥作用的——它们并不共同行动，也不能相互支持。一个由 10 件不相关的专利组成的组合本质上代表了 10 件单独的专利组合，而每件专利变成了它自己的组合。❷

更为有用的专利组合定义是"由单一的实体拥有或控制的一组关于相关主题的专利项目❸的集合"。专利项目，不论是专利或专利申请，必须是相关的，因为它们需要解决一项单独的技术主题或技术问题。例如，可以是一项单独的技术，或是达到同样结果的不同方法，或是某一个技术标准、一个系统或

---

❶　这是 2014 年 11 月 15 日在维基百科中找到的"专利组合"这一术语定义的释义。

❷　"专利组合"这一特殊定义，即一组"不相关"的专利和专利申请，主要用于在出售或合并，或者出售专利组合中的所有专利时对整个企业进行评价。这一定义对于这些特定的目的来说是有用的，但对于定义专利组合的卓越性，或者讨论如何获得一项卓越的专利组合，或者为创造卓越组合进行预算来说没有帮助。本书所关注的定义是一组专利和专利申请，它们在技术主题、创新点、专利族或者一些其他的方面是相关的，使得这些专利可以作为一个单独的组别进行管理。

❸　就"专利项目"而言，笔者是指专利以及专利申请。

者单个产品中的不同创新点。

对大多数企业来说，这两个定义之间没有根本性区别。因为它们所拥有的所有专利是用来解决相关的技术主题或问题的。然而对于联合大企业来说却不然。例如，将通用电气公司各个不同部门中的专利关联在一起或者看作一个组合，是非常不明智的做法。这些部门中的每一个——通用金融、通用动力和水、通用石油天然气、通用航空、通用保健、通用交通以及通用家庭和商业解决方案——都有自己的技术问题、自己的管理以及自己的专利。

同样地，还存在不同类型的"专利整合者"，它们的专利需要被区别对待。例如，像基于数字存储媒体运动图像和语音的压缩标准（MPGE－2）的专利池管理公司这类的整合公司，它们整合的仅仅是针对一项技术的专利。相反，像高智公司（通常用 IV 表示）这样的侵略型整合公司，或者像 RPX 公司这样的防御型整合公司，它们的专利涉及各个商业领域。在这种情况下，每个领域应该被分别看待，"组合"的概念也应该分别适用于各个领域的专利。

专利组合的性质：专利组合根本上就是单件专利的延伸吗？换句话说，组合就像是单件专利，但权利要求更多，这样说正确吗？这是一个重要的问题，人们可以从两个方面讨论该问题。

将专利组合看作一件超级专利：一方面，专利组合确实就像是一件大专利，只是比单个的专利拥有更多的权利要求。每件专利的强度可以通过 3 个特定要素进行评估，这 3 个要素可以缩写成 VSD，分别代表权利要求的有效性（V）、权利要求的覆盖范围（S），以及侵权的可发现性（D）。如果一件专利的权利要求是无效且不可实施的，则该专利是没有价值的，因此权利要求的有效性（V）是一个根本性问题。同样地，如果专利持有者不能合理地明确出来侵权，则侵权也是毫无意义的，因此侵权的可发现性（D）也是一个根本性问题。权利要求的有效性和侵权的可发现性常常被看作入门问题。即它们自身并不能创造价值，但如果没有它们，那么专利可能是毫无价值的。

一旦评估者对权利要求的有效性和侵权的可发现性感到满意，专利的侵权就变得异常重要。问题包括："权利要求的覆盖范围有多宽？覆盖的市场有哪些？覆盖哪些特定企业？哪些产品？覆盖范围是否足够大以至于潜在的侵权者不能通过专利回避设计避免侵权？"换句话说，是否现在或不久的将来存在对专利权利要求的侵权？如果是，那么该专利有价值；如果不是，价值将不会太大。❶

---

❶ 专利侵权正在发生，或在不久的将来预计会发生，很明显是判断权利要求覆盖范围的举足轻重的准则。如果存在侵权，专利可以通过许可或诉讼转化为货币。如果存在侵权，侵权方可能不愿意对他们自己的专利提起诉讼——侵权方太容易受到攻击，以至于无法反诉。从这个意义上来说，侵权为专利所有人提供了自由操作的权利，使其不害怕诉讼。

权利要求的有效性（V）、权利要求的覆盖范围（S）、侵权的可发现性（D）这些要素不仅适用于单件专利，也同样适用于专利组合。从这个意义上说，专利组合就是组合中所有专利权利要求的集合。组合的价值，就像单件专利的价值一样，是基于所有权利要求的有效性、覆盖范围以及侵权的可发现性的。从这点上看，在根本上将专利组合看作单件专利的一种延伸，可能是正确的。

将专利组合看作一个不同于任何单件专利的创新：另一方面，专利组合从根本上也是不同于单个专利的。这可以通过评估专利的 VSD 模型看出。通过多项专利和权利要求的集合，3 个要素中的每一个——权利要求的有效性、覆盖范围以及侵权的可发现性——都被显著地加强了，在某些情况下甚至是极大地提升了。以权利要求的有效性举例来说，很多原因可以导致一项由专利局授权的权利要求后来可能会被专利局，或者像美国国际贸易委员会（ITC）这样的行政部门，或者法院宣告受限、无效或不具有可实施性。这些原因可能发生在：①专利内部（例如权利要求中定义不清的术语）；②专利申请过程中的某一部分（例如未能找到相关的现有技术，可以在后续被用来针对某项权利要求）；③完全与专利申请过程无关的部分（如未能在提交申请前保护发明的机密性，或在授权后滥用专利权）。这些原因在之前的书中有详细的探讨，这里不再赘述。❶ 因为这些原因，单项权利要求，或者全部权利要求，甚至整个专利总是频繁地被无效。涉及诉讼或争议谈判的单件专利总是暴露于这些危险之中。相反，拥有数十件甚至上百件专利的一个专利组合，实际上是不可能被无效的。某些权利要求或专利可能被无效了，但其他的仍然有效。专利组合比单个专利更加强韧，更加有弹性。

侵权的可发现性也是同样的。可能在单件专利中发现某项权利要求的侵权很困难，特别是当该权利要求是关于较为隐匿的方面时，尤其如此。例如某种制造的方法或半导体的纳米结构等。但对一个专利组合来说，关于使用方法、实现方法、成分、产品、体系以及其他方面的权利要求，几乎永远不会面临和侵权的可发现性相关的严重问题。❷

---

❶ 质量和质量缺陷是《专利的真正价值》一书中的主题。笔者的另一本书《攻坚专利：避免最常见的专利错误》（2014）列举并讨论了在信息、通信和技术领域的专利中最常出现的 10 种错误。专利质量、专利缺陷，以及专利中的错误，都是关于专利和专利组合的重要话题，但这里将不再赘述，除了本书中出现的特定案例之外。

❷ 实际情况是，缺乏侵权的可发现性很少会成为一个问题。这种事情会发生，但并不经常发生。因此，尽管能再一次证明一个专利组合比单件专利有优势，但相比有效性来说，两者在侵权的可发现性上的相对差异程度并不明显。

然而，专利组合相对于单件专利的主要优势既不是有效性，也不是可发现性，而是权利要求的覆盖范围。原因在于两个既不相同但又相互关联的因素。

第一，一项单独的发明构想——我们称为"创新点"或PON——当然可以在单件专利中被多种类型的权利要求所覆盖，但在多件专利下更是如此，它们能覆盖创新点的每个细微差别以及每个可能的实施情况。

第二，如果有许多实际上相互关联的发明构想，而无法在单件专利中被覆盖——因为有太多的构想，每个构想有太多表达方式以至于无法在单件专利中覆盖所有，则相比单个专利，运用组合去覆盖关于相同技术主题或问题的多个创新点是最实际的方法。如果能恰当地创造出这样的组合，就形成了所谓的"专利丛林"。在下面"富士胶片株式会社"的例子中将会对此进行探讨。无论是对于单个创新点，还是多个创新点的覆盖范围来说，专利组合都大大优于单件专利。❶

在各个方面——权利要求的有效性、侵权的可发现性，特别是权利要求的覆盖范围上——专利组合都优于单件专利。从这点上来说，我们可以认为这是两种不同的存在，专利组合绝不仅仅就是单件专利的延伸。

2. 卓越专利组合的 10 个原则

为了创造并获得卓越的专利组合，应该理解并遵守许多重要的原则。这些原则都是基于管理专利组合的经验，并且以信息、通信和技术领域各类专利组合的基准审查为基础进行总结得出的。❷ 以下就是将要讨论的原则。

---

❶ 这一总的主题，即专利组合对单件专利的相对优势主要取决于覆盖范围的提升，可参考 PAR-CHOMOVERAGE G, WAGNER R P, Patent Portfolios [J/OL]. University of Pennsylvania Law Review, 2005, 154 (1): 1 - 77. http://papers. ssrn. com/sol3/papers. cfm? abstract_id = 582201. 该书的两位作者认为有两种优势。第一种优势他们称为"规模"，即专利组合作为一种"超级专利"进行行动，覆盖一个单独的创新点或一些紧密关联的创新点，他们称为"共有主题"，参考该书的第 31～38 页。这第一种优势和本书中提到的第一种优势——覆盖一个单独的创新点，是类似的。第二种优势他们称为"多样性"，即对"相关但有区别的"概念的覆盖，例如，与相同的技术问题相关的不同的技术实施，参考该书的第 31～33 页，以及第 38～41 页。这第二种优势和本书中提到的第二种优势——对许多有区别的然而仍然相关的创新点的覆盖，是类似的。

❷ 这里讨论的一些原则最早是出现在《专利的真正价值》一书中的第七章中的。在出现这种情况时，笔者将做出脚注，参考笔者较早出版的《专利的真正价值》一书。每项参考的形式将写成 TPV，代表之前出版的这本书。例如，"TPV 7 - 2 - 3（专利组合）"意味着这一原则在《专利的真正价值》一书的第七章，第二个案例中，作为第三个专利组合的原则已经被讨论和说明。这些参考脚注的唯一的目的是让读者获取更多的资料，当然如果读者愿意的话。

企业和专利战略

原则 1：一家科技公司必须决定有关于专利的战略。

原则 2：一个好的专利组合应该与其持有者的战略重点相匹配。

原则 3：在专利上投资"正确的金额"。

卓越专利组合的特性

原则 4：质量和数量的平衡。

原则 5：地理平衡。

原则 6：时间平衡。

管理专利组合

原则 7：明确并填补覆盖范围的漏洞。

原则 8：时间管理，包括撤资管理。

原则 9：建立衡量标准。

原则 10：将专利职能列入企业内部。

a. 企业和专利战略

一般情况下，专利战略必须和企业的整体战略协调一致。这意味着需要遵循以下 3 条原则。

原则 1：一家科技公司必须决定有关于专利的战略。❶ 这一原则可能看起来很明显，不值得陈述，但不幸的是，这一原则常常不被遵守。要清楚，一家企业必须有意识地作出该企业需要一个专利战略的决定，必须决定该战略将是什么内容，并且必须随后执行该战略。该战略至少需要包括从专利项目产生角度来看的目标成果，以及目标预算。该战略还可以更大限度将其他目标包含在内，如许可收入、研发带来的特定财政收益，抑制竞争对手发起专利诉讼（以免被反诉），或者抑制竞争对手自由地进行研发（以免它们可能会侵犯公司的专利权）。

许多高科技公司，特别是在创建时，不会对专利战略作出任何明确的决定，而是会申请一到两件专利作为关键技术。这很明显是个错误。应该从最开始就制定一个计划以及战略重点，当然计划必须是灵活的、以适应不断变化的需求。

---

❶ TPV 7 – 3 – 1（专利组合），即《专利的真正价值》一书中第七章，第三个案例，第一个专利组合的原则。

原则2：一个好的专利组合应该与其持有者的战略重点相匹配。❶ 这是另一个可能看起来很明显，不值得陈述，但不幸的是常常不被遵守的原则。一个好的专利战略的制定是不能独立于企业战略而进行的，相反，应该是企业战略引致的成果，并且能够支持企业战略。这意味着公司高级主管必须参与制定公司战略并支持专利战略。尽管这些主管通常不会决定特定的专利申请事务，但至少他们应该在某些方面给予一定的一般性指引。例如：①被专利保护的技术、市场以及产品；②专利组合的绝对规模；③地理上的平衡；④时间上的平衡；⑤该企业关于专利组合的相对数量以及相对质量的竞争地位。所有这些方面都可能来源于公司战略的专利战略的一部分。

投资：必须包含在每个专利战略中的两个关键要素是目标结果和目标投资/目标成本。关于后者，投资的正确金额是多少？整个第三章都是讨论这一问题的，但我们可以在这里总结几个基本观点。

原则3：在专利上投资"正确的金额"。一家公司，或公司的评估人员，如何得知该公司在专利上投资了"正确的金额"呢？❷ 这个问题是第三章的核心。第三章将展示并评价几个在专利组合上投资了预估金额的特定企业和特定产业。相反，这里将简单罗列决定"正确的金额"时应该遵循的几个主要原则。不幸的是，我们并没有神奇的公式可以计算金额，但至少可以运用各类基准粗略估计一种可能性，或者称为投资的可能范围。

3a. 对于一家标准的科技公司来说，一个可能的原则就是专利投资额应该占研发投资额的1%左右。有大量资料支持1%作为一个基准，第三章会对此进行证明。然而，1%仅仅是个基准，必须对此基准进行修订以满足每家公司的特定需求。快速的技术变革、开创性的发现、新的公司以及新的产业、系统整合、消费品销售、来自竞争者的专利进攻以及公司的侵略型专利战略，这些都会成为支持企业采用大于1%基准的因素。相反，技术变革速率较慢、渐进式的技术、成熟的公司、成熟的产业、仅仅销售零部件、以及在专利上相对松懈的产业，这些都会导致可能的专利投资额少于研发投资额的1%。

为什么研发投资是重要的？因为专利就是用来支持研发努力获得成果的。除此之外，还有研发以外可以用来作为预估专利投资额期望水平的基准吗？是的，用收入作为基准也是可能的。当然，对绝大多数企业来说，专利的投资额

---

❶ TPV 7-3-3（专利组合），即《专利的真正价值》一书中第七章，第三个案例，第三个专利组合的原则。

❷ TPV 7-1-2（专利组合），即《专利的真正价值》一书中第七章，第一个案例，第二个专利组合的原则。

一定是远远小于收入的1%的，但收入也可以用作一个基准。有些公司的研发和收入之间存在一个标准的比率，如7%，在这种情况下，专利的投资额占收入的比重可能是7%（关于研发/收入）×1%（关于专利投资/研发）=0.07%。再次申明，这仅仅是个基准。

3b. 根据感知到的主要竞争者的专利投资额设定公司的专利投资额。第三章里"竞争性的预算方法"部分将会讨论。

3c. 将专利成本和被诉讼的可能性、败诉的可能性，以及财务损失或被禁止销售产品的成本进行比较。美国的专利诉讼成本非常高，进入审判阶段的一项诉讼很容易就花费上百万美元。其他国家的成本要相对低一些，但仍然是很大的成本。然而，诉讼成本相比于败诉后的企业成本来说就是九牛一毛。败诉后一个可能的结果就是导致数千万、数亿甚至数十亿的损失。更可怕的是，该企业的整个业务范围都可能会被禁止。如果面临诉讼的可能性很大，这一威胁应该会激励企业大幅度增加专利投资额。另外，可能比较讽刺的是，每个领域中最大的企业就是面临风险最大的企业。这些大的、成功的产品公司相比其他产品公司来说，拥有更高的市场份额、更高的销量、更大的销售额以及更多的利润。这意味着大公司拥有更多可以失去的东西，也同时意味着它们正是专利原告所要瞄准的公司。这是公司专利中的柔术——产品和服务越成功的公司越容易暴露在专利诉讼的风险中，因此这些公司在自身专利上的投资会越多。

b. 卓越专利组合的特性

就像许多其他投资一样，我们从结果开始考虑，即在投入时间、资金和努力之前，我们需要知道最终的结果将是什么。

原则4：质量和数量的平衡。专利组合应根据其包含专利的数量以及质量进行评估。❶ 专利组合中包含的专利项目（专利以及未决申请）的数量是显而易见的。专利项目的质量也应该很明显，但事实上人们关于专利组合中专利的质量总是会犯两个常见的错误。

第一，人们完全忽略了专利组合的质量，仅仅关注专利组合中包含专利的数量。这样的错误很普遍，甚至在大公司中也很常见。无论是来自直接经验，还是我从许多关于专利的研讨会上获得的信息，企业都喜欢关注数量而非质量。"企业为确保专利质量而非数量采取了什么措施？"对这一问题的典型回答是"我们仔细审查我们的申请"或"我们聘用了杰出的专利律师"或"我

---

❶ TPV 7－1－1（专利组合），即《专利的真正价值》一书中第七章，第一个案例，第一个专利组合的原则。

们定期削减专利组合，只保留高品质专利项目"。这些回答都是诚实的，但它们却都没能回答这个问题。

主要的问题是，"质量"通常被认为是很难判断且衡量的。因此，数量成为了质量的代理。诚然，毫无疑问，质量不如可数的数量一样明显好考量，但这普遍的看法至少是将判断衡量质量的难度严重夸大了。对质量问题的正确回答可能是"我们识别每件专利申请中的关键权利要求条款，并以最有利于我们的方式着重解释每一项此类条款"或"我们审查每件专利申请，避免最常见的质量过失。这些过失影响了 99% 以上的 ICT 专利，并且要确保在申请中消除此类过失"或者"我们有意识地使用并列权利要求来确保对关键创新点最强有力的保护"。所有这些陈述都和单件专利而非组合有关，但最终，每个组合都是由单件专利构成的。

确实有方法可以判断专利的质量。至少，高品质的专利拥有良好的权利要求，有书面描述可以支撑，并且在 VSD 评估中表现良好。所有这些概念——"良好的权利要求""良好的支撑材料"及"VSD 评估"都在笔者之前的《专利的真正价值》一书中有详细的定义和讨论。至少，高品质专利避免了最常犯的专利错误，而这些错误会降低专利的质量以及价值。最常犯的 10 个专利错误——怎样识别它们，怎样避免它们——是笔者之前的《攻坚专利：避免最常见的专利错误》一书的主要主题。与通常的看法相反，确实有方法可以判断专利组合中专利的质量，并且这些方法应该被拿来使用。

一家企业应该总能够了解其专利组合的相对质量，并且应该了解专利组合的总体趋势是否朝着更高质量发展，抑或专利组合的质量正在降低？

第二，人们有时会错误地认为"我们所有的专利一定是质量最高的"。这根本不是真的，实际上也不可能是真的。使每个专利都尽可能地好需要毫无理由地投入太多的金钱、努力以及维护时间。事实是，每个专利组合的优势是基于质量和数量一起来判断的。这意味着最好的组合至少要有几件杰出的专利，而其他的专利虽然也有贡献，但主要是对数量的贡献，并能支撑那些杰出专利。企业可以而且应该明确哪件才是它们的杰出发明，并尝试为相关的创新点获得强有力的专利保护。但其他的发明——当然也有所贡献，只是不应该获得不合逻辑的过度投资。

事实上，在计划专利活动时，企业通常使用评级系统。系统中的各类发明通过其类型及潜在的影响接受评级。被认为在战略上异常重要的发明会受到特别的关注——关于它们的专利申请被谨慎地起草并进行。突破性发明，可以被认为是"技术拐点"的发明（在第二章中会有讨论），以及涉及技术标准中关

键特征的发明❶，都属于应该谨慎地获取专利权的专利。❷

对于战略上不那么重要的其他专利，对待的态度和途径应该是"在纸上写下来"或"尽快申请"或"尽快通过申请获得一些许可"。

总之，"所有专利都必须被公平对待"的说法是错误的，并且评级系统是对这种错误说法的一种反驳。

原则 5：地理平衡。 一个好的专利组合在地理上是平衡的。❸ 专利组合的所有者必须考虑至少 3 个地理市场。

5a. 在美国受保护是至关重要的。美国是大部分 ICT 技术和产品的主要市场。而且，美国还是个专利赔偿动辄几百万甚至几十亿美元的市场。如果专利组合的所有者已经或者想要成为全球玩家，在美国的专利保护是至关重要的。

5b. 在国内市场受保护通常是恰当的。许多企业想要在它们称为家乡的国家保护其专利。这通常是恰当的，因为这防止了企业在其主要的活动地点受到破坏的情况发生。相反，有些国家并不以严格的专利执法闻名，在这样的国家，当地保护的需求可能不太明显。

5c. 地理保护的其他市场。除了美国以及国内市场，在企业收益最多的地点申请专利通常是明智的。这不仅保护了该企业在当地付出的努力，而且为企业在这些市场的消费者提供了下游专利保护。❹

有些公司还喜欢在竞争者云集的国家拥有专利。这一心态源于这些专利可以阻止来自这些竞争者的专利诉讼威胁。然而，这类保护的成本相当高，且可能是毫无依据的，除非有现实的可能性表明公司将忙于针对竞争者的专利诉讼。

公司如何决定在专利行动中重点强调哪个地理市场？集中力量是特别重要的，尤其对于 ICT 专利来说。BCP 专利的所有者，特别是新药专利，常常以每件专利几百万美元的成本寻求全球专利保护。相反，对 ICT 专利来说，全球保护是否理性是令人怀疑的，全球保护的成本太高，很难承受。ICT 公司为了达

---

❶ TPV 7 - 3 - 4（专利组合），即《专利的真正价值》一书中第七章，第三个案例，第四个专利组合的原则。

❷ 标准必要专利（SEPs）在当今是个有争议的话题。有些人认为使用这样的专利就是从使用技术标准的用户那里榨取不合理的租金。另外一些人认为由这类型专利所创造的价值正是对在重要的新技术上进行早期投资的公平的回报。关于这一争议已经超出了本书所讨论的范畴，但如果想对这类型的专利进行详细的了解，可以参考笔者之前的著作《技术专利许可：21 世纪专利许可、专利池和专利平台的国际性参考书》，特别是其中第三章第 88～141 页的内容，内容的标题为"重要性的测定"。此处的页码指的是原版书码，特此说明。——编辑注

❸ TPV 7 - 2 - 1（专利组合），即《专利的真正价值》一书中第七章，第二个案例，第一个专利组合的原则。

❹ 在某些情况下，一家企业可能会因为产品而进行知识产权赔偿。但即使没有这样的知识产权赔偿，获取当地的专利可能也会为当地的顾客带来安慰。

到地理平衡可以考虑以下因素。

市场重要性： 正如上文所讨论的，地理市场对公司的重要性。

成本： 为了在该国取得有效的专利保护所需付出的时间、精力和金钱成本。有些人认为在美国获得专利的成本很高，但在像日本这样的国家，包括翻译以及日本特许厅要求的特定程序使专利成本更高。在整个欧洲获得专利保护的成本非常高——通过在欧洲专利局获取一项受整个欧洲保护的专利，然后在特定国家使该项专利"生效"可能会降低该成本，但生效的成本（翻译以及特定国家的收费）也很高。还有一些其他的方法可以降低国际专利的成本，如所谓的"专利审查高速公路"项目。但即便有这些项目，国际保护仍然非常昂贵，需要提前计划。

可实施性： 人们有时候会假定专利在所有国家都是同样可实施的，但实情并非如此。例如，被称为"软件专利"或"商业方法专利"的专利在美国是可以实施的，❶ 但在欧洲的实施会难得多，并且在大部分亚洲国家根本不大可能不被识破。是否应该在除美国外的任何国家申请此类专利值得怀疑。

时间： 如果要保留一系列优先权，在其他多国的在后申请可能全部依赖于在某一国家首次申请的优先权日。❷ 然而，尽管在多个国家维持了较早优先权日，但在各国提交申请的特定顺序仍是非常重要的，原因有两个：第一，较早提交的申请将极有可能比较晚提交的申请更早获得授权；第二，申请的"基调"或特征通常在首次申请时就被设定。例如，在美国被称为"杰普逊权利要求"专利权利要求的特定形式（在欧洲称为"两分法权利要求"），在最先在美国申请的专利中几乎看不到，但在最先在欧洲申请的专利中却频繁出现。

大范围的国际申请很快会变得异常昂贵。为了控制成本并维持地理平衡，企业需要清晰地了解在各国提交申请的成本以及收益，制订计划以一个合理的成本获得最大的收益。

原则 6：时间平衡。 一个好的专利组合是能随着时间推移而保持平衡的。❸ 一家企业在其生命周期中会经历几个阶段。每家企业都是这样，尤其是高度依

---

❶ 在美国最高法院就 Alice 公司对阵 CLS 银行案件进行判决之后［判决简报 13－298，573US，(2014 年 6 月 19 日判决)］，软件和商业方法专利在美国也受到了质疑，但在本书撰写之时，至少一些"软件专利"以及一些"商业方法专利"在美国仍然是有效的，可以实施的。

❷ 依赖于国外的优先权一事取决于 1883 年签订的《保护工业产权巴黎公约》（以下简称《巴黎公约》）所涉及的成员国（2014 年该公约依然有效）。该《巴黎公约》的成员国家可能也是 1970 年签订的《专利合作条约》（PCT）的成员国，在这种情况下，优先权日可能在某些情况下保持从最初提交日期开始算起达到 30 个月。《巴黎公约》和《专利合作条约》的明确规定不属于本书的讨论范畴。

❸ TPV 7－2－2（专利组合），即《专利的真正价值》一书中第七章，第二个案例，第二个专利组合的原则。

赖技术的企业。最初的阶段是高度研发密集的阶段，产生重大的技术进步；随后在中期，研发一般没那么密集，技术进步也更加平缓；在之后的衰退阶段，研发倾向大幅度下降。专利活动需要与发展阶段相匹配，如表 1-1 所示。

表 1-1 企业不同阶段的研发与专利投资情况

企业发展阶段	研发	专利
早期阶段——创业	非常密集，面向重大进步	必须密集，面向少量高品质专利
中期阶段——增长	适度，面向重要的改进，但不是突破性进展	可以密集或适度。通常面向数量的增加
后期阶段——衰退	减少或淘汰	最低限度

在企业的早期阶段，极有可能存在资源冲突。就在这个时期，企业正在大量投资于研发——为了开发并证明构想。同时，企业也必须大量投资于专利。这里的"投资"不仅指金钱，也包括高级研发人员的时间。冲突不可避免。企业最大的技术贡献有可能发生在企业的早期阶段，对此必须申请专利。没能对早期技术申请专利是错误的，后果是在今后的 5 年内难以恢复。通过仅仅关注贡献最大的技术，仅申请少量的杰出专利，合理使用专利的继续申请以延缓在美国的许多成本，使用 PCT 国际申请以延缓国际投资，且通过地域申请（如在欧洲专利局申请，而非在众多欧洲国家申请）以进一步延缓国际投资。所有这些都是可以用来降低投资的各种技巧。然而到最后，不管使用了什么特定的技巧来降低或延缓成本，在企业生命周期的早期阶段都必须对专利投入大量时间和金钱。❶

对整个企业来说正确的事，对企业内的一个新产品线或一项新技术而言也是正确的。企业革新的设想需要企业不断地以新技术和新产品重塑自己。每一种新产品或新技术都将贯穿企业整个生命周期的各个阶段，并且必须接受与技术或产品特定阶段相适应的专利投资。

c. 管理专利组合

即使一个卓越的专利组合已经与公司战略相匹配，随着时间推移，企业也

❶ 初创公司通常提交非常少的专利申请，但在每个申请中却包含众多的发明。包含众多发明的一件申请被称为"庞大的申请"。这一策略就是通过在专利申请文件中包含许多发明来降低申请以及准备的成本。在原始申请中所描述的单个发明可能会在后续的申请中被提及和审查。从这种意义来说，庞大的申请变成了一种"父亲式"或"爷爷式"申请，繁衍了许多具有相同优先权日期的后代。不用说，只有当原始申请的专利申请文件质量非常高时，这一策略才能成功。在原始申请中，不需要将众多的发明都写成权利要求，但必须对其进行良好的描述，请参考"词汇表"中的"庞大的申请"。

必须对该专利组合进行管理。

原则 7：明确并填补覆盖范围的漏洞。专利组合的管理需要找到、明确并填补组合中的漏洞。这必须是个积极的过程。必须存在持续的过程来明确组合中的漏洞。这些漏洞可能是由于随时间推移导致的专利到期，或需求变化，或对专利资源配置过多的决定，或之前的错误所造成的。但不管什么原因，必须付出积极并持续的努力来明确并填补这些漏洞。

只有两种方法可以填补组合中的漏洞——准备并进行自身专利的申请，或者购买已有专利。每种方法都有各自的优缺点。创建自身的专利申请会得到更多的控制权，但即使是最快的专利，从申请到授权也要至少一年时间，而且每件专利更实际的时间估算是 3～5 年。快速消除专利组合漏洞的唯一有保障的方式是发现别人持有的已有专利，并进行购买。❶ 在购买专利时，可以精确选择想要的专利，购买过程可以很快。另一方面，购买专利往往比内部申请自身专利要花费更多，有时候是多得多。关于申请抑或购买的决定将在第二章进一步讨论。

原则 8：时间管理，包括撤资管理。为了维持专利组合的价值，专利活动必须持续。❷ 专利随时会到期，若管理疏忽，一个专利组合的数量（因为专利会到期）以及质量（因为最好的专利会到期）都将逐渐下降。如果一家企业打算继续生存，必须不断地投资于专利以确保覆盖范围的连续性。投资的性质和规模可能会发生变化，但在企业到达其生命周期的最后阶段之前，有些投资必须继续以确保覆盖范围的连续性。这一原则可能看起来非常明显，但许多企业经常在一个集中的时间段内专利活动暴增，然后会停止专利方面的工作。下面将会讨论到的 Silanis 科技公司就是这样的一个例子。而另一个相反的例子是高通公司，它不仅维护了其专利组合，更加强了其专利活动，下面的例子中也将会对此进行讨论。

在每个专利组合中，只有极少数的专利创造了大部分的价值，即它们为了进攻（为企业产生许可收益或阻止竞争者的研发努力），或为了防御（阻止竞争对手的专利诉讼并且获得企业的经营自由）创造了大部分的专利组合价值。❸ 这是毫无疑问的。当专利组合的主要价值驱动到期时，企业便走到了决

❶ TPV 7-2-3（专利组合），即《专利的真正价值》一书中第七章，第二个案例，第三个专利组合的原则。

❷ TPV 7-3-3（专利组合），即《专利的真正价值》一书中第七章，第三个案例，第三个专利组合的原则。

❸ 专利组合中专利的相对价值将在下面的第二章中进行讨论。还可以参考"词汇表"中的"根据价值贡献度分类的专利类型"。

策点。❶ 下面会讨论到的捷邦安全软件科技有限公司（Check Point，以下简称"捷邦公司"）就是这样一个例子。

　　除了极少数能创造大部分价值的专利，组合中可能会有许多专利由于某种原因不太有用。可能是由于有些期望价值不能实现？可能是由于专利在诉讼中遭受过失败？可能是由于法律上的变更致使以前有价值的权利要求变得有问题，甚至毫无价值？可能该专利之前很有价值，但专利技术已经被新方法替代？可能专利内在没有任何问题，但企业想在新的以及更有前景的发明上集中资源？维护授权专利需要花费资金，主要是需要向专利局缴纳专利维护费。❷一家企业的专利方面的工作不可能成功，除非它能集中力量在现在的而非过去的专利活动上。向外部售出专利或单纯地放弃专利，专利战略中必须包含此类专利撤资计划，即计划撤销目前对企业用处很小或没有用处的专利投资。

　　原则9：建立衡量标准。企业战略是最先被提出的，然后提出专利战略来支持企业战略，并且随后提出衡量标准来决定专利方面的工作是否达到了它们的预期目标。特定的标准依赖于特定的目标。如果企业在专利上追求多重目标，那么专利组合的判断将针对每个目标提出适当的判断标准。

　　例如，企业的目标是通过许可或诉讼产生收益吗？那么随后产生的收益将会被衡量。或更有可能的是，比较产生的收益与产生收益的总成本。这些衡量标准可能主要和企业的财务官相关。

　　例如，研发在价值创造中起到了多大的作用？当然，一种衡量方法是后续开发的新产品和服务的数量。另一种衡量方法是后续专利申请和专利生成的数量。还有一种是将后续许可收益额占研发费用的百分比作为衡量方法。在下面高通公司的例子中会对最后这种衡量方法进行回顾。这些衡量标准可能主要和企业的高级研发人员相关。

　　例如，专利组合在阻止竞争者以及通过特定新发明占据主导地位获取优势上能起到多大作用？这个判断起来会更加困难。在下面将要讨论到的富士胶片株式会社特别案例中，富士胶片株式会社通过一个相对适中的专利组合投资将竞争者驱逐出市场，并因此为企业创造了巨大的价值。这些衡量标准可能主要

---

❶　TPV 7 - 1 - 3（专利组合），即《专利的真正价值》一书中第七章，第一个案例，第三个专利组合的原则。

❷　例如在美国，到目前为止在专利公布之后的维持费是 3.5 年 1600 美元、7.5 年 3600 美元、11.5 年 7400 美元。所谓的"小企业"的费用是这些费用的一半，所谓的"微型实体"的费用是这些费用的1/4。然而，即使是这些费用水平中的任何一种，维持费都会快速地累积，特别是对于大型专利组合来说。许多国家都对已授权专利征收维持费。对于未决、未授权申请，美国并不要求缴纳维持费，但许多国家确实要求缴纳此类费用。

和特别事业部门——有时在企业内部称为"战略事业部"——的总经理们有关。

除非在战略中也包含了可以衡量其实施情况的衡量标准，否则将没有战略是完整的。

原则 10：将专利职能列入企业内部。在企业内部，专利职能应该放在哪个部门呢？应该由谁来控制它，并为此负责呢？这远远不是一个微不足道的决定，因为企业内不同部门对专利的态度有可能大不相同。这里有 4 种选择，事实上，每种选择都是适用于不同企业的。

第一，将专利职能设置在法务部。这是很有道理的。因为专利毕竟是一个法律概念，而且专利的产生主要是由发明者和法律方向的专业人士一起完成的。另外，法务部是公司内最有可能获知并理解新的法院判决以及影响专利的其他法律变化的部门。

第二，将专利职能设置在首席技术官办公室。首席技术官对研发努力的成功非常关心，而且专利创造的成功是研发努力是否成功的一种衡量标准。另外，首席技术官办公室最有可能了解每项发明的技术含义，并且是企业内最适合对各类发明的技术重要性设置优先顺序的部门。

第三，将专利职能设置在业务开发部副总裁管辖下。这看起来可能不太明智，因为业务开发部不太可能像法务部一样理解专利的法律含义，或者像首席技术官一样理解专利的技术含义。但写专利并不是为了在墙上获得一块纪念匾额的。它们一定是对公司有特定用途的，否则为什么要投资这么多来获得专利呢？业务开发部可能负责知识产权的许可、创建合资企业和共同研发，以及管理企业并购活动。在这些活动中，专利价值可能承担重要的角色。将专利职能放置在这里可能对前端（专利生成）来说意义较小，但在后端（收入及业务开发）将产生更大意义。

第四，将专利和专利职能放置在战略事业部内部。它们负责开发技术、开发产品以及从产品中产生收益。这样的一个设置优点很明显，但缺点也很明显。从好的一面来说，战略事业部的经理有可能会很好地理解专利所保护的技术、专利所带来的特定业务内涵，并且有充分的动机以各种可能的方式利用专利来满足战略事业部的财政目标。从不好的一面来说，战略事业部的经理里可能没有法律专家，可能对专利的长期技术内涵不太感兴趣（因为经理们想要的是短期结果），并且不能阻止来自企业内部其他战略事业部对技术和专利的复制。

当然，可以将专利职能放置在上述所列 4 个部门所组成的各种不同组合中。比如说，法务部可能负责专利生成，而业务开发部可能负责从企业的专利中赚钱或在其他方面产生价值。将专利职能分开设置能帮助企业内不同部门最大化该部门本身的专长，但也带来了部门协调的问题。然后，专利职能必须以某种方式设置在企业内部以达到专利职能的目标，并因此实现企业的战略目标。

3. 专利组合的 4 个例子

在下面高科技专利组合的例子中，每一个例子都能写本自己的书了，但我们将仅关注上述讨论的原则。在这些例子中，不是每一个例子都代表了"好"的专利组合，更别提是"卓越"的专利组合了，但它们都能为卓越专利组合的原则提供例证。为了缩短讨论的篇幅，每个组合将由表格形式呈现，表格要么展示了专利组合随时间发展的过程，要么展示了专利组合在特定时间点的状态。❶

案例 1——捷邦安全软件科技有限公司

捷邦公司是互联网及内联网电子防火墙保护的领军企业。从 20 世纪 90 年代初开始，该企业就开始活跃。表 1－2 总结了过去几年该企业的收入和研发活动情况。

表 1－2　捷邦公司收入和研发汇总❷

	2007 年	2008 年	2009 年	2010 年	2011 年	2012 年	2013 年	总和	年均复合增长率
年度收入/百万美元	731	808	924	1098	1247	1343	1394	7545	11.4%
年度研发/百万美元	81	92	90	106	110	112	122	713	7.1%
研发/收入	11.1%	11.4%	9.7%	9.6%	8.8%	8.3%	8.7%	9.4%	

表 1－3 是该企业从成立初期到 2014 年 6 月为止的专利组合概况。

---

❶ 这 4 个案例最初是在《专利的真正价值》一书中被引用——捷邦公司、Silanis 科技公司，在《专利的真正价值》一书第七章中所引用的美国高通公司，以及在《专利的真正价值》一书第四章中所引用的富士胶片株式会社。

❷ 该表格中的信息来源于捷邦公司的年报，可以通过 http：//www.checkpoint.com/corporate/investor－relations/earnings－history/index.html 获取。

表1-3　捷邦公司专利组合情况❶　　　　　　　　　　　　单位：件

年份	美国专利	美国申请	欧洲专利	欧洲申请	德国专利	日本专利	国际申请	总和
1994	0	0	0	0	0	0	0	0
1995	0	0	0	0	0	0	0	0
1996	0	0	0	0	0	1	0	1
1997	1	0	0	0	0	0	1	2
1998	1	0	0	0	0	0	0	1
1999	0	0	0	0	0	0	0	0
2000	0	0	1	0	1	0	0	2
2001	0	0	0	0	0	0	1	1
2002	1	0	0	0	0	0	0	1
2003	0	1	0	0	0	0	0	1
2004	0	0	0	0	0	0	0	0
2005	2	2	1	0	0	0	3	8
2006	0	2	1	1	2	0	0	6
2007	2	3	0	0	0	0	0	5
2008	2	1	0	0	0	0	0	3
2009	4	1	0	1	0	0	1	7
2010	5	7	1	1	1	0	0	15
2011	5	1	0	0	0	0	0	6
2012	10	5	0	0	0	0	0	15
2013	9	6	0	2	0	0	0	17
2014	8	6	0	0	0	0	0	14
其他	6	14	不显著	不显著	不显著	不显著	不显著	20
总和	56	49	4	5	4	1	6	129*

　　*表中各类别的总和应该是125而非129。然而，捷邦公司在加拿大、中国台湾、韩国以及新加坡各有1件专利。加上这些总数为129，如表中所示。

　　从捷邦公司历年来的销售、研发和专利活动中能得出什么结论？让我们从两个初步的观察说起。

　　第一，对于研发投资水平转变的原因，我们得不出任何结论。是的，研发

---

　　❶　在整个这本书中，关于美国专利和美国专利申请的信息都来源于美国专利商标局的网站 www.uspto.gov 以及商业网站 www.freepatentsonline.com。本书中，关于欧洲专利、欧洲专利申请、德国专利项目、日本专利项目以及PCT国际申请的信息都来源于 www.freepatentsonline.com。

投资随时间推移不断增加，在销售收入中的占比不断减少，但这些趋势可能是完全恰当的。

第二，有证据显示，捷邦公司在整个企业生命周期中已经购买或创建了大约 129 项专利项目。正如下面第三章中会分析到的，形成并维持这类型的专利组合很可能需要花费 300 万美元。

从卓越专利组合的特征来说，如何评价这一专利组合？

（1）和企业战略相符：除了专利组合自身，我并不了解捷邦公司的企业战略。因此我不能得出结论。

（2）关键技术和市场的覆盖：专利的一般主题都是直接包含在捷邦公司的业务范围之内的。主要技术是被覆盖的。关于特定产品是否被覆盖，我不能下结论。

（3）质量和数量的结合。

1）捷邦公司的两件早期专利是 US5606668 "用于在计算机网络中保护入站和出站数据包流的系统" 以及 US5835726 "保护计算机网络中数据包流动和选择性修改数据包的系统"。这两件专利在笔者之前《专利的真正价值》一书中有详细的分析，它们是非常好的专利，覆盖了突破性发明。拥有这两件专利使得专利组合的质量非常高。❶

2）对这样规模的公司，在这样的技术领域，大约 129 个专利项目对公司来说是极少的。无论以何种标准衡量，这都是真的。①对于仅过去 6 年就有 7.13 亿美元的研发预算来说，300 万美元没有达到研发预算的 1%。专利投资应该以研发投资的差不多 1% 作为基准，有很多影响因素支持这一点。但对于像捷邦公司这样的公司来说，产生影响的因素（高科技、快速变革的技术、强有力的市场定位、集成产品而非零部件）似乎会建议对专利的投资应该超过 1% 而绝不是少于 1%。②和单一专利诉讼的成本相比，300 万美元是一个非常低的投资额。③捷邦公司是市场领导者，年销售收入大约有 15 亿美元，营业利润率占总收入的比重超过 50%。对于像捷邦公司这样大型、利润率高的市场领导者来说，专利诉讼带来的损失可能会非常巨大。④和主要竞争者相比，捷邦公司在专利上的投资非常少。这将在第三章 "竞争性预算方法" 中进一步讨论。

（4）地理覆盖：在美国的覆盖强度非常好。在欧洲和亚洲国家的覆盖强度很弱，因为在这些国家没有足够的专利。

---

❶ 这 2 件专利分别在 1993 年和 1996 年提交申请并在 1997 年和 1998 年分别获得授权。这 2 件专利在 2014 年初期都是仅仅因为时光的流逝而有效期满。

（5）时间连续性：上面说的一切都被这一专利组合在连续性上存在的巨大缺点削弱了。捷邦公司的两件早期专利（可能是其最好的专利），上面已经提到了，在 2014 年 2 月到期。按照法律规定，捷邦公司仍然可以就过去发生的专利侵权造成的损失提出诉讼，但现在或将来的任何活动将不再会对公司造成侵权损失，并且捷邦公司也不能对这些专利实施申请禁令了。似乎还没有专利来替代这两件杰出的专利。如果看一下表 1 - 3，我们会发现，捷邦公司在 1998 ~ 2004 年几乎没有专利活动。尽管看起来捷邦公司在 2012 ~ 2014 年已经加强了专利活动，但企业内的专利活动量仍不能弥补 20 世纪 90 年代末期到 21 世纪第一个 10 年中期的不足。

（6）对这一专利组合的特殊考虑：防火墙市场增长迅猛，捷邦公司作为主要的市场参与者可能面临重要的专利责任。所有这些要素都暗示专利投资额可能应该高于整个行业的平均值。

如果捷邦公司有意愿，那么如何解决其在专利组合上的差距，尤其是解决失效的最好的专利以及时间连续性不足这两个问题呢？该公司可以有如下选项。

（1）购买这一领域早期的，但专利剩余寿命还很长的专利。这很可能会花掉数百万美元，但这是可行的。在这个时间点上，选择申请自身专利来弥补 1998 ~ 2004 年几乎空白的专利活动已经不可能了，所以唯一的方法是通过购买专利来填补漏洞。

（2）联合商业化的防御型专利整合者，如 RPX 公司，获取更多专利，即增加进入专利池的途径。

（3）明确行业中持有关键专利的企业，通过许可引进那些专利或者兼并那些企业。

（4）与其他企业一起建立生产和营销联盟，用以承担部分、大部分，甚至是所有专利诉讼的风险以及成本。

（5）与另一家拥有更高专利地位的公司建立股权联盟。这可以通过捷邦公司与另一家公司互相持股达成，或者更简单的做法是捷邦公司将其相当一部分股权出售给另一家公司。

案例 2——Silanis 科技公司

Silanis 科技公司是一家 1992 年成立的，位于蒙特利尔的加拿大公司。该公司为商业和政府客户提供电子签名以及电子审批软件。它的技术允许将电子签名添加到微软的 Word 和 Excel 文件以及 Outlook 邮件中，还有阅读器 Adobe Acrobat 和其他类型的应用程序中。

Silanis 科技公司是一家非上市企业,公开信息披露有限。它的研发数据并没有公开。收入也是保密的,尽管似乎它的年收入为 500 万 ~ 1000 万美元。表 1-4 是从该公司成立到 2014 年 6 月为止的专利组合情况回顾。

表 1-4 Silanis 科技公司专利组合情况❶   单位:件

年份	美国专利	美国申请	加拿大专利	加拿大申请	欧洲专利	欧洲申请	德国授权	国际申请	总和
1992	0	0	0	0	0	0	0	0	0
1993	0	0	0	0	0	0	0	0	0
1994	0	0	0	0	0	0	0	0	0
1995	0	0	0	0	0	0	0	0	0
1996	0	0	0	0	0	0	0	0	0
1997	1	0	0	0	0	0	1	0	1
1998	0	0	0	0	0	0	0	0	0
1999	0	0	0	0	0	0	0	0	0
2000	0	0	0	3	0	0	0	6	9
2001	0	0	0	4	0	3	0	1	8
2002	0	3	0	2	0	1	0	3	9
2003	0	1	0	3	2	2	0	0	7
2004	1	0	0	0	0	0	2	0	3
2005	2	0	0	0	0	0	0	0	2
2006	0	0	1	0	0	0	0	0	1
2007	0	0	0	0	0	0	0	0	0
2008	1	0	0	0	1	0	2	0	4
2009	0	0	0	0	2	0	1	0	3
2010	0	0	2	0	0	0	0	0	2
2011	0	0	0	0	0	0	0	0	0
2012	1	0	0	0	0	0	0	0	1
2013	0	0	0	0	0	0	0	0	0
2014	0	0	0	0	0	0	0	0	0
总和	6	3	3	12	5	6	5	10	50

❶ 关于加拿大专利的信息来源于加拿大知识产权局网站 http://www/cipo. ic. gc. ca/eic/site/ci-pointernet - internetopic. nsf/eng/Home。

让我们作一些初步的分析。

第一，对于拥有 19 件专利和 31 件申请的这样一个专利组合来说，总投资的合理估算为 100 万~150 万美元。在绝对值上，这是个小数目，但对于年销售额可能为 500 万~1000 万美元，整个生命周期中销售额可能也就是 1 亿美元的企业来说，这是个重大的投资。

第二，这一专利组合似乎完全是自己创建的，即由 Silanis 科技公司自己申请并获得的，除了编号为 US5606609 的专利。该专利是 Silanis 科技公司在 2000 年购得，购入金额不详。这是一件杰出的专利，在《专利的真正价值》一书中有详细讨论。然而，这一专利在 2014 年 9 月到期了。❶

第三，尽管专利组合的绝对规模对这样大小的公司来说可能是很合理的，但专利组合中大约 66% 的专利都是在 2000~2003 年申请或购得。Silanis 科技公司在过去的 5 年几乎没有专利活动。

从卓越专利组合的特征来说，我们可以如何评价这一专利组合？

（1）和企业战略相符：除了专利组合自身，我并不了解 Silanis 科技公司的企业战略。Silanis 科技公司的专利组合已经为防止恶意诉讼提供了保障，并且这可能就是该公司购买 US5606609 专利并且在加拿大构建相对较强专利保护的目的。Silanis 科技公司的企业战略将在第三章中进一步讨论。

（2）关键技术和市场的覆盖：专利的一般主题都是直接包含在 Silanis 科技公司的业务范围之内的。主要技术被覆盖，关于特定产品是否被覆盖，我不能下结论。

（3）质量和数量的结合。

1）根据我之前书中所讨论的原因，US5606609 专利是一件非常好的专利，并且在专利的有效期内为 Silanis 科技公司提供了强有力的保护。然而，该专利于 2014 年 9 月到期了。

2）对于 Silanis 科技公司这样规模的公司来说，50 个专利项目是个相当大的数量了。Silanis 科技公司已经成为该行业的领导企业，但行业动向一直在变。Silanis 科技公司目前正面临来自名为 DocuSign 公司的挑战。该公司正在大量投资于专利。其他的专利变化也正在发生，总之，在未来的几年将有可能看到电子签名行业的巨大变革。这些变革将在第三章中讨论。

（4）地理覆盖：美国几乎当然是电子签名产品和服务排名第一的市场。Silanis 科技公司在美国的覆盖已经很好，但随着关键性的美国专利的到期，这

---

❶ 这一件专利在 1994 年提交申请，1997 年授权，2000 年被 Silanis 科技公司购入，并在 2014 年到期。

一现象已经发生了改变。作为一家加拿大公司，Silanis 科技公司在加拿大国内市场上的专利投资相对较多。这种情况在非加拿大企业中可能不常见到，但对 Silanis 科技公司来说可能是合理的，因为这能为它带来安全感。超过 50% 的专利投资是在欧洲和国际市场（不是加拿大或美国），这对于非欧洲企业来说是相当高的比重。总之，地理覆盖面临的主要挑战就是最近失去了美国专利的保护，第二个挑战可能就是在欧洲和国际专利项目上的过分投资。

（5）时间连续性：这是一个严重的问题。在该公司早期阶段，并没有投资专利。然后 2000 ~ 2003 年，该公司大量投资专利，并生成了专利组合中大约 2/3 的专利，包括在 2000 年购买的 US5606609 专利。然而，在过去的 5 年中，该公司在专利上几乎没有任何投资，它的专利组合正在老化，并且正面临新专利的威胁。这点将在第三章中进一步讨论。总之，缺乏时间上的连续性是该组合的一大弱点。

（6）对这一专利组合的特殊考虑：这一专利组合存在弱点，但这些并不是特殊的考虑，从专利组合表面看来也没有这种考虑。然而，确实存在来源于电子签名行业性质的特殊考虑。这一行业中企业的特性，以及企业在专利上各种各样的投资，都可能对 Silanis 科技公司的专利战略产生影响。这些考虑将在第三章中进一步讨论。

Silanis 科技公司由于近些年投资太低，以及其关键性美国专利的到期，专利组合出现了漏洞。Silanis 科技公司可以就此做些什么来填补专利组合的漏洞呢？尽管看起来 Silanis 科技公司是电子签名行业的领导者，但鉴于该行业的性质，许多上述的可能适用于捷邦公司的战略可能并不适用于 Silanis 科技公司。该公司不能加入防御型的专利整合者，或者从该行业的其他企业那里获得交叉许可的专利，或者创建生产或营销联盟（鉴于电子签名行业的性质）。Silanis 科技公司关于专利的潜在问题或许可以通过以下两个战略解决。

（1）以较高的价格购买另一件美国专利来代替已经到期的 US5606609 专利。

（2）建立股权联盟，甚至有可能的话，将公司卖给更大的公司。事实上该公司的主要竞争者之一，EchoSign 公司，已经在 2011 年将自己卖给了奥多比公司。

电子签名行业中专利的变化，以及 Silanis 科技公司面临的挑战将在第三章中进一步讨论。

案例 3——富士胶片株式会社

之前的例子显示了专利组合随时间变化的过程，而在此讨论的例子与之前的两个例子有所不同，它显示了在单一的时间点专利组合所产生的影响。这个例子想要证明一个构建得当的专利组合具有强大的力量。这个专利组合在关键时刻保护了正确的产品以及正确的地理市场。总之，这是个"专利丛林"的例子。

富士胶片株式会社在 1934 年成立于东京，已经成为消费摄影产品的市场领导者之一。在 1986 年，富士胶片株式会社发明了手持式一次性照相机（一次性使用）的即抛相机生产线。该企业自从 20 世纪 80 年代末期已经成为该市场的领导者，这一优势一直持续到 20 世纪 90 年代和 21 世纪头 10 年。

在 20 世纪 90 年代，美国的各个公司正在回收一次性相机，用新电池和胶卷维修或翻新相机，然后将相机卖给消费者。在 1998 年，富士胶片株式会社向美国国际贸易委员会（ITC）提起诉讼以阻止这类翻新的相机进入美国。在 1999 年，美国国际贸易委员会批准了这一请求，并禁止这类产品输入到美国。在各种诉讼之后，美国联邦巡回上诉法院，即美国有权决定专利诉讼的最高法院（除美国联邦最高法院之外），推翻了美国国际贸易委员会的判决，认为相机如果首先是在美国销售的，这样的销售就排除了专利侵权的诉讼权利。换句话说，富士胶片株式会社的对手赢得了这轮诉讼。然而，诉讼仍在继续，并且下级法院作出判决，大多数照相机（几乎 4000 万个），并不是首先在美国销售的，因此确实侵犯了至少 15 件专利中的 33 个独立权利要求。这一判决第二次进入了美国联邦巡回上诉法院，并确认了针对被告捷士相片公司及其他公司的判决。最后，大约 20 家公司被判侵权，主要被告捷士相片公司被迫破产，富士胶片株式会社得以继续以其专利组合为基础在市场上享有统治地位。所有这些都忽视了富士胶片株式会社在主要问题上有所损失的事实，即富士胶片株式会社关于首先在美国销售并随后翻新的照相机的专利侵权索赔问题。美国国际贸易委员会的批准是关于编号为 337 – TA – 406 的"关于一次性相机事宜"案件的。该案件的原告为日本富士胶片株式会社，被告包含了香港雅奇实业公司以及其他 26 家来自亚洲、欧洲和北美等地的公司（1999 年 6 月 2 日法庭指令）。美国联邦巡回上诉法院的判决在 394F. 3d1368 号报告（Fed. Cir. 2005）中。

为什么富士胶片株式会社的这个专利组合具有如此高的价值？因为它正好做了一个专利组合应该做的事。它仅仅覆盖了一项单独的核心发明，即一次性照相机，但却覆盖了和该发明有关的众多创新点，即不同类型的权利要求（系统结构、封装的组件结构、方法以及产品设计）。注意，特定产品，即一次性使用然后扔掉的照相机（不是简单的"照相机"），在照相机的一般市场内一定是一个低层次的商品，因为消费者显然不会将高端的相机扔掉。作为一个低层次商品，这一商品依赖于日本的传统优势——能够降低成本的设计、管理、生产以及大量销售。这一产品线完美地契合了日本的优势，而专利组合则完美地保护了产品线。

表1-5显示了富士案件中美国国际贸易委员会关注的专利组合、关注的方面、与该方面相关的专利，以及美国国际贸易委员会发现的在该方面涉及被告人侵权权利要求的数量。

表1-5 富士胶片株式会社1999年美国专利组合情况

被授予专利的创新点的几个方面	该主题某一方面的相关专利	该主题某一方面的相关专利数量/件	被告侵权的独立权利要求数量/项
胶片单元＝手持照相机	US5361111 US5381200 US5408288 US5436685	4	9
胶片封装	US4833495 US4855774 US4884087 US4954857 US5063400 US5235364 RE. 34168	7	19
胶片封装的安装方法	US4972649	1	2
手持照相机的装饰性设计	Des. 345750 Des. 356101 Des. 372722	3 （都属于设计专利）	3
汇总		15	33

美国国际贸易委员会发现被告侵犯了33项独立权利要求，涉及照相机、封装、安装以及照相机的设计。

专利组合中的某些独立权利要求非常强大，而其他的则不然。然而，关键在于这些专利在某一特定时间点相互合作，覆盖了同一发明构想的众多方面。这是我们有时会称为"专利丛林"的一个例子。这是一种特定类型的专利组合，拥有强化的专利，覆盖了某一单独发明构想的众多方面。即便就像这个例子中一样，专利组合中的所有专利并不都是很强的专利，但专利丛林相比单个专利仍会提供更加强大的保护。

从卓越专利组合的特征来说，我们可以如何评价这一专利组合？

（1）和企业战略相符：富士胶片株式会社的战略明显是利用其一次性照相机主导美国市场。富士胶片株式会社通过专利诉讼达到了这一目的。企业战略和专利战略之间完美匹配。

（2）关键技术和市场的覆盖：即使对表1–5只是匆匆一瞥，也能看出富士胶片株式会社在覆盖范围上做得多么好。专利组合似乎覆盖了设计以及结构的所有关键方面。

（3）质量和数量的结合。

1）正如前面所说，组合中的某些专利要强于其他专利，某些权利要求要强于其他权利要求，但至少有33项权利要求的质量足够高，可以让富士胶片株式会社抓到20家侵权公司。

2）在这个例子中，对专利持有者来说，15件专利已经足够用来主导某一行业。

（4）地理覆盖：这里仅仅涉及了美国市场，这些专利完全覆盖了美国市场。

（5）时间连续性：这些专利在关键的时间阶段，即20世纪90年代末期以及21世纪的头10年早期，都是有效的。一次性相机在2014年仍在使用，但随着手机摄像头的发展，它们的全盛时期已经过去。

（6）对这一专利组合的特殊考虑：一次性照相机有一个特殊的问题，即它创造了一个自己的售后市场，而售后市场会严重破坏主要市场的新品销售。富士胶片株式会社面临的挑战是通过暂时削弱售后市场以合理地扩大其主要市场，从而增加一次性照相机的市场需求。富士胶片株式会社处理这一挑战可以选择的方法有几种。而富士胶片株式会社选择的解决方案只是通过知识产权来保护市场，这是一个非常有效的方法。然而，需要记住的是，这一解决方法仅仅是"暂时"的。随着专利组合中的专利随后到期，这一战略会变得不能维持。这些专利对公司是极其重要的，但重要性也是短暂的。

案例4——高通公司

高通公司成立于1985年，从其成立之初即已经成为蜂窝技术中码分多址（CDMA）技术发展的先行者。表1–6清晰地展现了高通公司在研发上的投入程度。

表 1-6　高通公司收入和研发汇总❶

	2007	2008	2009	2010	2011	2012	2013	总和	年复合增长率
年收入/十亿美元	8.9	11.1	10.4	10.9	15.0	19.1	24.9	100.3	18.7%
年研发投入/十亿美元	1.8	2.3	2.4	2.5	3.0	3.9	5.0	20.9	18.6%
研发/收入	20.6%	20.5%	22.6%	22.3%	20.0%	20.5%	20.1%	20.8%	

让我们比较一下捷邦公司和高通公司。

捷邦公司非常注重技术。捷邦公司为了获得市场地位已经大量投资于研发。2007~2013 年，其研发投资与收入的比值平均为 9.4%，2008 年达到最高值 11.3%。对于一家科技公司来说，这一比值更典型的取值范围应该为 7%~8%，而捷邦公司在 2007~2013 年每年都超过了 7%~8% 的典型取值范围。

高通公司则是完全不同的类别，不仅和以技术为重的捷邦公司不同，和一般科技公司相比也有所不同。2007~2013 年，高通公司研发投资与收入的比值平均为 20.8%，处于 20.1%~22.6% 范围内。这一数字是令人震惊的，远高于平均水平。研发投资与收入的比值在技术行业一般被称为"研发强度"或"研发强度比"。在高通公司的例子中，这一比率显示了强大的研发投入。简而言之，高通公司的公司战略很明显严重依赖于远超过行业标准的研发投资。

而且，高通公司对专利的依赖也远超过行业标准。这表现在两个方面，即专利的投资以及专利许可的财政收益。表 1-7 总结了在 2013 年 5 月 22 日以及 2014 年 5 月 22 日高通公司所持有的专利。

表 1-7　高通公司专利组合简介

专利项目	2013-5-22 数量/件	2014-5-22 数量/件	增长量/件	增长百分比
美国专利	6878	9277	2399	34.9%
美国专利申请	8752	11354	2602	29.7%
欧洲专利和专利申请	12347	14058	1711	13.9%
日本专利和专利申请	1687	2534	847	50.2%
德国专利和专利申请	1990	1995	5	0.3%
PCT 国际申请	15259	17908	2649	17.4%
总和	46913	57126	10213	21.8%

---

❶　该表格中的信息来源于高通公司的年报，可以通过 http：//investor.qualcomm.com/sec.cfm? DocType = annual 获取。

第一，高通公司创造其 2014 专利组合的总成本是多少？粗略估算一下，假定每个专利项目从准备、提交材料、进行专利申请，然后到维护以及保卫授权专利，需要花费 3 万美元。对于那些会维持到法律寿命最后阶段的授权专利来说，这个数字当然还会更高。对于未决申请，以及那些并未维持到法律寿命最后阶段的授权专利来说，这个数字将会相对低一些。这一平均的估算并非毫无依据。它估算出了高通公司在专利上的总投资，大约为 57126 个项目乘以每个项目 3 万美元的成本，总额等于 17.14 亿美元。

第二，非常重要的是，即便不说在 2014 年之前年份对专利的大规模投资，该公司仍在继续对其专利组合进行大量投资。该公司已经成立 30 年了，但仅 2013 年整个专利组合的增长率就达到了几乎 22%（10213 除以 46913）。

第三，根据其发布的报告，自从 1985 年成立到 2014 年 4 月底，高通公司已经在研发上投入了 300 亿美元。投资于专利的 17.14 亿美元占研发投资的 5.71%。我把它称为"专利活动强度"。❶"专利活动强度"这一比率将会在第三章进一步解释和讨论，但现在值得注意的是，正如随后的第三章中会解释的一样，科技公司的专利投资占研发投资比重的一般基准是 1%，高通公司的 5.71% 则是一个破纪录的异常值。❷

简而言之，高通公司的研发强度和专利活动强度都非常高。关于这两个值都有很多行业标准，高通公司 20.8% 的研发强度比大约是行业标准的 3 倍，5.71% 的专利活动强度几乎是行业标准的 6 倍。

这里发生了什么？再看一下，答案将会变得清晰。

高通公司严重依赖于专利许可来创造收入，特别是创造利润。这意味着公司战略和专利战略的密切结合。考虑表 1-8 中关于高通公司各条经营线的信息。

---

❶ 这一比率（专利投资/研发投资），并没有被广泛接受的行业术语。笔者创造了"专利活动强度"这一术语。这一术语和"专利强度"完全不是一回事。有些技术人员运用每 1000 名员工产生的专利数量这一比率（专利数量/1000 个员工）来表示专利强度，而其他的有些技术人员则运用每 100 万居民产生的专利数量这一比率（专利数量/100 万居民）来表示专利强度。

❷ 5.71% 的专利活动强度比率是基于假定高通公司对其专利组合中的每个专利项目投资为 3 万美元，总投资额为 17.14 亿美元而得出的。然而，若假定对每件美国专利的投资额为 3 万美元，对专利组合中的每个其他项目的投资额为 2 万美元，那么总投资额将为 12.35 亿美元，专利活动强度比率将为 4.11%，而不是 5.71%。然而，如果假定对每件美国专利的投资额为 3 万美元，对每件国际申请的投资额为 15000 美元，对专利组合中的每个其他项目的投资额为 2 万美元，那么对专利组合的总投资额将为 11.46 亿美元，专利活动强度比率将为 3.82%，而不是 5.71%。对假定专利成本敏感性的比较证明了在高通公司的案例中，不同的成本假设简直没什么要紧。高通公司的专利活动大大高于高科技行业的行业标准，无论比率为 3.82% 或 5.71%，这一结论都是正确的。

表 1-8 高通公司设备、服务以及许可的收入和利润❶

	2008	2009	2010	2011	2012	2013	总和	年复合增长率
总收入/十亿美元	11.1	10.4	11.0	15.0	19.1	24.9	91.5	17.5%
设备和服务收入/十亿美元	7.2	6.5	7.0	9.2	12.5	17.0	59.4	18.7%
占总收入的百分比	64.9%	62.5%	63.6%	61.3%	65.4%	68.3%	64.9%	
许可收入/十亿美元	3.9	3.9	4.0	5.8	6.6	7.9	32.1	15.2%
占总收入的百分比	35.1%	37.5%	36.4%	38.7%	34.6%	31.7%	35.1%	
总税前利润/十亿美元	4.9	4.5	4.7	6.9	7.9	9.8	38.7	14.9%
设备和服务税前利润/十亿美元	1.8	1.4	1.7	2.1	2.3	3.2	12.5	12.2%
占总利润的百分比	36.7%	31.1%	36.2%	30.4%	29.1%	32.7%	32.3%	
许可税前利润/十亿美元	3.1	3.1	3.0	4.8	5.6	6.6	26.2	16.3%
占总利润的百分比	63.3%	68.9%	63.8%	69.6%	70.9%	67.3%	67.3%	

表 1-8 清晰地显示了至少在过去的 6 年,甚至可能是更长的时间内,高通公司已经依赖许可收入作为其主要的利润来源。事实上,仅有 1/3 的销售收入来源于许可,大约 2/3 的利润来源于许可。许可可以包含所有类型的知识产权以及专有技术,但该公司大约有 60000 个专利项目,很明显专利是获得这些收入的主要驱动。另外,能推理出甚至是从 20 世纪 80 年代中期高通公司成立开始,企业战略就已经是大力投资于技术,并依赖由此技术获得的专利进而获取财政收益。

高通公司是一家积极的技术开发商和许可商。这一点可以通过其在研发上长年的巨大投资、在专利上的巨大投资、在专利组合上的巨大投资、技术许可带来的巨大收益以及技术许可带来的巨大利润所判断。这一点也可以通过基准比率来判断,如研发投资与收入之比、专利投资与研发投资之比、技术许可收入与总收入之比,以及许可利润与总利润之比。在所有这些基准中,高通公司的比值比一般科技公司要高得多。所有这些信息都与高通公司将战略重点放在积极开发技术并进行技术许可这一点相符。

对高通公司进行总结,得出结论如下:(1)它的研发强度为 20.8%,远远超过平均水平,大约为人们所期望的一般科技公司的值的 3 倍,并且相比于

---

❶ 该表格中的所有信息都来源于高通公司的 10-K 年报。2011～2013 年的数据就是直接从给定的表格中复制的。2008～2010 年的分类数据是以公布的信息为基础进行估算的——可能其中会存在一些错误,但就当前的分析目的来说,这些错误并不紧要。这些公布的信息讲述了一个始终如一的故事。

相对知名的公司来说甚至更高，例如和像存在 30 年的高通公司一样出名的公司相比。（2）它的专利活动强度大约为 5.71%，比科技公司的基准几乎高出 500%，这点将在第三章中进一步讨论。（3）尽管它的收入中，只有 1/3 来源于专利许可，但这一收入的利润空间却极高，形成了高通公司大约 2/3 的利润。确实，高通公司在 2008～2013 年仅从许可获得的总利润（260 亿美元）几乎等于公司从 30 年前成立以来的研发总投资（300 亿美元）。

从卓越专利组合的特征来说，我们可以如何评价这一专利组合？

（1）和企业战略相符：高通公司想要开发技术，并通过技术投资获利。这是它已经在做的，并会继续做下去的。这是一个杰出的专利组合，支持了高通公司积极的许可战略。

（2）关键技术和市场的覆盖：高通公司对码分多址技术的覆盖，包括对其基本概念以及涉及各种码分多址技术标准和特定问题的方面的覆盖，做得都非常好。

（3）质量和数量的结合。

1）正如笔者之前书中所介绍的，高通公司的许多专利在行业中被大量引用和依赖。❶ 并不是所有高通公司的专利都是杰出的，确实，有些专利的一些权利要求非常脆弱，但高通公司当然还有许多高质量专利。

2）大约 6 万个专利项目中，仅 2014 年就生成了超过 1/6 的专利。无论进行哪种类型的比较，这个数量都是庞大的。特别是：①专利活动强度远超 1%；②相比高通公司在专利上的总投资，可能是 15 亿～20 亿美元，单个诉讼的成本是小的；③无论是作为原告还是被告，高通公司在专利诉讼中都很积极，尽管在一些案件中，损失数额较大，但它的整体诉讼活动一直处于有利的一面；④除了再一次强调高通公司连续的专利投资是一个极端的异常值之外，我在这里并没有将其专利投资与任何特定竞争者进行比较。

（4）地理覆盖：高通公司的各种专利覆盖了亚洲、欧洲和北美的所有主要市场。

（5）时间连续性：令人惊讶的是，高通公司不仅持续地开展其专利活动，实际上还随着时间加强了其专利活动。高通公司在时间连续性上表现良好。

（6）对这一专利组合的特殊考虑：在高科技产业中，蜂窝产业具有独特性，原因有两个。

第一，不像许多其他高科技产业一样，蜂窝公司通常不提供整个系统，相反，不同公司的各种产品必须合作提供对顾客有用的服务。在蜂窝业务中，至

---

❶ 《专利的真正价值》一书中表格 7-8。

少存在 3 个单独的部分，包括顾客的手机、用于手机通信的基站以及与基站通信的控制中心。这类控制中心可能被称作网络控制器，或移动交换中心，或其他的名字，但实质上，它们都控制基站交通并与公共交换电话网进行通信。不同的公司提供手机，而不是提供基站和控制中心，事实上，不同的公司也可能提供基站，而不是控制中心。只有当所有产品功能与特定的技术标准相符时，一个系统才可以成功运营，这是蜂窝技术的关键特征——有非常多的技术标准。高通公司的一些被大量引用的专利在日期上早于第一代码分多址标准，实际上对码分多址技术标准的实施非常重要。

第二，在蜂窝业务中有许多专利。一项统计显示有 25 万件专利覆盖了智能手机的各种功能。❶ 在这种情况下，即专利数量如此之大，没人可以通过许可获得所有相关专利的情况下，专利的质量变得尤其重要。高通公司被大量引用的专利在日期上早于码分多址技术标准，它的许多专利对技术标准的实施很重要。这些专利已经成为高通公司数十亿美元许可项目的基础。这也是对高通公司专利组合的一个特殊考虑。

小　结

单个专利和专利组合之间存在相似性，但一个专利组合在 VSD（权利要求的有效性、权利要求的覆盖范围、侵权的可发现性）的各个方面通常比单件专利要强得多，尤其是在权利要求的有效性和权利要求的覆盖范围这两个方面。它们在强度上的不同如此之大以至于单件专利和专利组合应该被认为是不同的存在。

在第一章中，我们讨论了卓越专利组合的 10 个原则。我们还考虑了专利组合的 4 个例子——有些是好的，有些没有那么好，但它们共同说明了决定专利组合质量的关键要素，这些要素是：①专利组合和企业战略相符；②专利组合对关键技术和市场的覆盖；③组合中专利质量和数量的结合；④企业专利组合的地理适宜性；⑤专利组合的时间连续性；⑥对行业的特殊考虑或对专利组合的特殊考虑。

这里讨论的 4 家企业中的每一家都是其产品或技术市场上的领导者。这些企业在构建和管理它们的专利组合上表现如何？表 1 - 9 总结了它们的表现。

---

❶　这一数据是由防御型的专利整合者 RPX 公司估算的。在该公司的有价证券申请上市登记表（表 S - 1）第 59 页（2011 年 9 月 2 日），可以通过 http：//www. sec. gov/Archives/edgar/data/1509432/000119312511240287/ds1. htm 获取。

表 1-9　捷邦公司、Silanis 科技公司、富士胶片株式会社和高通公司的专利组合

特性	捷邦公司	Silanis 科技公司	富士胶片株式会社	高通公司
和企业战略相符	不明确——专利战略未知	专利组合适用于防御目的	杰出的专利组合驱逐了市场中的竞争者	公司战略和专利战略的完美合作
关键技术和市场的覆盖	良好	良好	优秀：覆盖了众多创新点	优秀：专注于蜂窝技术
质量和数量的结合	良好	良好	杰出	杰出
地理覆盖	80%以上为美国专利，可能不平衡	独特的，但可能不适应需求	美国市场覆盖有必要且完美	优秀：覆盖了所有地理市场
时间连续性	较差	较差	优秀	优秀：稳固并逐渐加强
特殊考虑	市场增长迅猛	行业的变迁	优秀	优秀
总结	渐渐脆弱	渐渐脆弱	完美适应市场主导	最好的之一

第二章
如何创造卓越的专利组合？

在第二章中将介绍并讨论与创造专利组合相关的关键概念，包括企业在寻求可获得专利的构想时三个可供选择的方法。另外，还将介绍用以产生发明构想的"技术拐点"的概念，以此作为卓越专利组合的基础。接下来将回顾两个经典问题，即"创建抑或购买"的问题用来填补对专利组合的需求，以及在专利组合建设中是否强调"质量抑或数量"的问题。最后将描述企业可以用来设立内部专利项目的过程。通过该过程在企业内部确认可以获取专利的发明，筛选特定的发明进行专利获取，并管理专利活动。

1. 创造专利组合的关键概念

一个专利组合并不是生来就完全形成的。相反，它是随着时间逐步发展的。企业如何管理一个专利组合的发展呢？在一般意义上，每个专利组合的管理方式都一样，有3个基本步骤。

（1）企业战略 ⇒ （2）专利战略 ⇒ （3）专利战略的实施

在任何情况下，企业已经设定了某种发展方向，要么是制定了正式的企业战略，要么可能是为企业制定了一般意向表明企业正在从事的事情以及企业未来的发展方向。无论是否存在一个名叫"企业战略"的正式文件，是否这一过程是完全正式或非正式的，这一步骤都以某一方式存在于每个企业内。

在企业战略的基础上，随后来设定专利战略。再一次说明，专利战略可能是一个正式过程导致的结果，这一点将在下面讨论，或者也可能完全是临时、非正式的。"我们现在并不想操心专利"也是一种专利战略。对专利战略的唯一判断标准是是否有实施专利的行动，以及专利成果与企业想做的事情是否匹配。

然而，假定专利战略并不是"我们并不想涉及专利"，而是企业想要从事一些专利活动以追求企业目标。那么在现实生活中，企业会做什么？基本上，它们会用到 3 种方法之一。这 3 种方法称为"三种模式"，表 2 - 1 对此进行了介绍。

表 2 - 1　企业进行专利活动的 3 种模式

	描述	专利类型	谁	创建抑或购买	新颖性
模式 1 积累	无论有什么构想都对其获取专利	偶然发现的专利	通常是个人发明家或非科技公司	仅是创建，不涉及购买	最传统的方法
模式 2 匹配	专利用来支持产品及工艺流程的创新	专利组合塑造 = 一些主要专利以及许多支持专利	主要是公司，包括科技和非科技公司	主要是创建，购买作为补充	在 20 世纪得到认可
模式 3 培养	专利引领业务	寻求突破性专利	新成立的高科技公司，有远见的技术公司，许可驱动的公司（苹果、谷歌、高通公司）	创建并且购买。根据公司类型不同，创建和购买的组合存在很大不同	较新——20 世纪晚期以及 21 世纪

　　笔者将模式 1 称为"积累"，因为它的核心是收集恰巧与企业有关的专利构想。当然会有一个筛选过程，因此不是每一个构想都会形成专利，但重点是发现那些恰巧拥有可获得专利的构想的个人发明家们。购买专利的可能性不大，因为企业中没有人在寻找专利。模式 1 是完全合理的，并适合众多企业，如处于非科技领域的企业，或被另一实体的专利（所有权或损失补偿协议）所覆盖的企业，或逐渐退出业务并且不想在专利上作出重大努力的企业。模式 1 并不适用于初期或成熟阶段早期的技术导向型企业。模式 1 是 3 种方法中最传统的，并且自从专利最初开始出现时实质上已经存在了。❶

　　模式 2 的名字为"匹配"，因为其核心是将专利保护与企业想要保护的技术与产品相匹配。在模式 2 中，企业尝试创建一种典型高质量专利组合，即组合中有一些非常好的主要专利，并有很多其他专利可以作出增量改进并能支撑主要专利。塑造专利组合用来保护企业，这是一个有意识的决定。模式 2 可能适用于在某一领域存在中度到重大创新的任何企业，意味着它可能适用于绝大

---

　　❶ 专利可能被认为在 1474 年威尼斯法规中已经出现，或者在英国 1624 年的垄断法规中已经出现，或者在 18 世纪后期的美国，随着 1787 年美国宪法以及 1790 年专利法的出现而出现的。

部分科技和非科技企业。专利活动的重点可能仍是在企业内部进行发明，但企业也可能明确专利组合中的漏洞，并通过购买专利尝试填补漏洞。在所有情况下，专利都是追随研究的——保护已开发的技术和产品是模式 2 的核心。据我的经验判断，模式 2 是企业用来保护创新时用得最多的模式。至少从 20 世纪开始，模式 2 已经成为企业用的主要方式，尽管专利池，即模式 2 中的一种形式，要追溯到至少 19 世纪中期。

模式 3 称为"培养"。创造突破性创新并生成专利，这是一个慎重的决定。和公共的认知相反，事实上很少企业会从事这个类型的活动。在本质上，新成立的科技公司会尝试这样做——它们常常寻求"令人惊叹的因素"以使它们能创造一个新的市场。当然，捷邦公司最早的专利就是一个很好的例子。新成立的公司在早期开拓了一个构想，并将突破性创新形成了专利。也有一些知名公司，特别是以获得许可费为主要导向的公司，它们想要寻找这类型创新并进行专利活动。高通公司立即跳入了笔者的脑中，它是通信业务中拥有最强专利组合的公司。❶

在模式 3 "培养"中，专利在业务中扮演非常重要的角色。在这里，专利活动要么早于研发，成为业务的基础；要么与研发同时进行，成为业务的核心部分。仅仅因为这个原因，即专利在模式 3 中相对较高的重要性，许多企业更喜欢进行它们自己的专利申请，而不是购买别人创建的专利。然而，这并不是一条固定的原则。在某些案例中，为了填补专利组合中的漏洞需要购买关键性的专利。目标可能是具有侵略性的，即获取收入和市场份额；也可能是防御性的，即阻止来自别人的诉讼。模式 3 相对较新。尽管在 20 世纪中期时它确实

---

❶ 高通公司当然是获得这个荣誉的一个强而有力的候选人。美国电气和电子工程师协会的杂志《美国电气和电子工程师协会会刊》每年都会对信息、通信和技术领域的企业按照各种分类对其专利组合的实力进行排名，分别在 17 个分类项目下评选出 20 家专利组合实力最强的公司。在 2013 年最新的评估中，《美国电气和电子工程师协会会刊》将高通公司的专利组合评为了"通信/互联网设备"分类下的第一名，但按照下列公司在它们各自的行业分类目录下的排名成绩，高通公司总体排名第六。

①谷歌公司：在"通信/互联网服务"目录下排名第一，得分 8890.39。
②苹果公司：在"电子设备"目录下排名第一，得分 7893.51。
③DigitalOptics 公司：在"半导体制造"目录下排名第一，得分 4993.34。
④IBM：在"计算机系统"目录下排名第一，得分 3974.49。
⑤微软公司：在"计算机软件"目录下排名第一，得分 3909.67。
⑥高通公司：在"通信/互联网设备"目录下排名第一，得分 3766.31。

2013 年的所有排名情况可以通过 http：//spectrum.ieee.org/static/interactive - patent - power - 2013 获取（最后一次浏览是在 2014 年 11 月 15 日）。《美国电气和电子工程师协会会刊》运用 5 个因素创建了这些排名，详细的解释可以通过 http：//spectrum.ieee.org/at - work/innovation/patent - power - 2013/constructing - the - patent - power - scorecard 获取（最后一次浏览是在 2014 年 11 月 15 日）。

已经存在，但在 20 世纪晚期以及现在的 21 世纪，模式 3 才变得更加流行。这一模式受到了没有重大产品的专利主张实体❶、同时拥有产品和专利的一些混合公司❷、侵略型专利整合者❸以及防御型专利整合者❹的喜爱。

关于模式 2 中的"组合"，笔者是指专利组合中包含一些主要专利以及许多支持专利。关于模式 3 中的"组合"，笔者是指专利组合中包含一些突破性专利，可能还包含其他一些非常有价值的专利以及许多支持专利。这些不同类型的组合之间，界限并不明确，然而相对重点却大不相同——模式 2 强调产品，而模式 3 强调专利或者同时强调专利和产品。

如何可以看出一个"专利组合"是在模式 2 中还是模式 3 中？最近刚刚有一项关于可再生能源业务中专利的研究被发展，尤其是在风能和太阳能中。❺这项研究中有一部分包含了风能产业中带头企业的专利所有权比较。表 2 - 2 是对这一比较的一部分总结。

---

❶ 专利主张实体，或者被称为 PAEs，有时被轻蔑地称为"专利流氓"。这样的实体非常常见地但却又并不是唯一地会通过购买方式来获取专利，然后主张将这些专利运用于针对许多公司的许可以及诉讼项目中去。笔者对专利主张实体并不存在道德立场，但我确实要说明的是：①专利的参数是由法律决定的；②专利主张行为已经发生，并且将依照法律继续发生；③法律上的变化可能会减少或增加这类行为的程度；④无论在未来，法律可能发生什么样的变化，几乎可以确定的是，在当代创新驱动的经济中，相当数量的专利主张行为将持续存在。

❷ 运用专利产生科研成果回报的混合公司的一个主要的例子就是高通公司。IBM 和苹果公司也是同样的情况，但程度上略逊一筹。其他公司，例如微软公司、诺基亚公司、三星公司都是产品和专利混合的公司。它们主要是运用它们的专利组合，尽管并不是唯一的，来威慑来自其他公司的诉讼。高通公司，从最开始的时候就开始同时关注产品和专利。上面提到的其他公司可能开始时主要关注产品，但随着企业的发展，至少在一定程度上，同时关注产品和专利。

❸ 侵略型专利整合者的一个主要例子就是高智公司。用来产生收益而形成的专利池也属于侵略型专利整合者。这类专利池通常被看作专利整合者，但是它们忙于许可和诉讼项目，将这个作为它们存在的确切的目的。成功的专利池的一个主要的例子就是基于数字存储媒体运动图像和语音的压缩标准（MPEG‒2）专利池，正如笔者在之前的《技术专利许可：21 世纪专利许可、专利池和专利平台的国际性参考书》一书中所谈论的那样，但也还有许多其他的专利池。

❹ 防御型专利整合者的主要例子包括联合安全信托公司以及 RPX 公司。有些人将开源许可也看作防御型专利整合的一种形式，开源许可要求知识产权的无偿贡献以及起诉权利的放弃。

❺ 这项研究的题目是"清洁技术趋势——知识产权以及交易"（Clean Tech Trends——Intellectual Property & Transactions）。该研究是由智力能源有限责任公司的罗恩·埃普森（Ron EPPerson）和普鲁里塔斯有限责任公司的麦伦·卡萨拉巴（Myron Kassaraba）共同完成的，发表在 LES 会刊《国际许可贸易工作者协会期刊》2014 年 6 月刊上，第 84～95 页。

表 2 - 2　风能产业中专利组合的比较❶

专利相关度	通用专利数量/件	通用占比	维斯塔斯专利数量/件	维斯塔斯占比	西门子专利数量/件	西门子占比	三菱专利数量/件	三菱占比	产业专利数量/件	产业占比
高度相关	22	1.9%	9	1.2%	5	0.8%	4	0.9%	60	0.9%
中高度相关	124	10.7%	88	12.0%	66	10.9%	46	10.1%	496	7.3%
中度相关	742	63.9%	471	64.2%	420	69.5%	243	53.4%	3664	54.2%
低度相关	247	23.6%	166	22.6%	113	18.7%	162	35.6%	2535	37.5%
总和	1162	100%	734	100%	604	100%	495	100%	6755	100%

表 2 - 2 比较了风能产业 4 大专利持有者的全球专利组合以及风能产业作为一个整体的专利组合情况，包含了从 1990 年风能产业开始发展直到 2012 年的专利项目（包括已授权专利以及未决申请，按专利族数量进行汇总和报告）。

其他相关的信息就是各个类别的定义。和产业"高度相关"意味着"极其重要的专利申请，即已经被主张、许可或实施的申请，否则就是由于权利要求的广度在未来极有可能成为极重要的专利申请"。"中高度相关"意味着"产业需要意识到的重要专利申请，但这些可能是可以避免或缓和的"。"中度相关"意味着"可能过去是和产业相关的或仅仅是不能被广泛应用的专利申请。存在多种方法的专利回避设计"。"低度相关"意味着"与产业中普遍的技术和产品并不相关的专利或专利申请"。

这些定义的精确参数并不重要。然而我们需要理解的是专利组合的巨大价值主要依赖于"高度相关"的专利项目，"中高度"和"中度"相关的项目也

---

❶ 表 2 - 2 是对前面引用的由埃普森和卡萨拉巴在 LES 会刊上发表的文章中"图 14：根据产业相关性对主要公司专利组合的排名"的修改。

埃普森和卡萨拉巴文章中出现的图 14 是来源于 Totaro & Associates 公司在 2013 年发表的报告中的第 5 页。该公司是以休斯顿为根据地的一家知识产权和创新咨询公司，在风能产业领域具有相当的专业知识。2013 年的报告标题是"通过创新减少能源成本"（Reduction of Cost of Energy Through Innovation），通过 http：//www. totaro - associates. com/#! ip - landscape/c1k7h 可以获取该报告的摘要内容，通过 http：//media. wix. com/ugd/ba1f58 _3e4296160be0621aae30878bdc11c066. pdf 可以获取该报告的全文。

标题为"全球风能创新趋势报告：2014 年第 3 季度"（Global Wind Innovation Trends Report：Q3，2014）的报告是对 2013 报告的更新，报告中包含了 2013 报告以及 2014 年的结果。该报告的一部分可以通过 http：//media. wix. com/ugd/ba1f58_53696aacea22418b8621e386f9963c03. pdf 获取。完整的报告可以通过 http：//www. totaro - associates. com/#! landscape/c1qms 购买。

Totaro&Associates 公司的网站 www. totaro - associates. com 中可以找到一个有趣的案例，一家企业选择专攻某一特定产业的知识产权。上面提到的关于该网站的所有网页，笔者最后一次浏览是在 2014 年 11 月 15 日。

可能给予一定支持，而"低度相关"的专利对专利组合的价值并不会有太大贡献。❶

表 2 - 2 中的百分比差不多是我们可能在任何一个产业中都能发现的，包括科技导向型企业。

（1）表 2 - 2 中的极少数专利，我们称为"高度相关"的专利，创造了大部分价值。这些通常只占专利组合中所有专利的 1% ~ 2%。表 2 - 2 中被称为具有"高度"价值的专利可以被进一步划分为不同类型，例如"突破性专利""重大专利"以及"非常有价值的专利"。❷ 在表 2 - 2 中，这些专利在带头企业中的占比范围从西门子风能专利的 0.8% 到通用风能专利的 1.9%，整个产业的平均值为 0.9%。

（2）表 2 - 2 中占据更大比例的是我们称为"中高度相关"的专利，它们创造了剩下价值中的绝大部分。这些通常占到专利组合中所有专利的大约 10%。在表 2 - 2 中，这些专利在该产业带头企业中的占比范围从三菱风能专利的 10.1% 到维斯塔斯风能专利的 12.0%，整个产业的平均值为 7.3%。带头企业中的占比和整个行业平均值之间的巨大差异表明非带头企业拥有较少"有价值"的专利作为专利组合的一部分，当然也精确地暗示了非带头企业的大部分专利组合是价值较低的"中度相关"以及"低度相关"的专利。

（3）通常一个专利组合中的大量专利——接近 90%——可能都是支持专

---

❶ 2013 年 Totaro 公司的报告《通过创新减少能源成本》（*Reduction of cost of energy through innovation*）的作者们对这 4 种分类有不同的解释。他们在报告的第 4 页指出："产业相关性的结果显示，只有大约 1% 的已授权专利对产业作为一个整体来说有很大影响，另外的大约 7% 的专利可能会在未来变得与产业相关。而剩余的大约 92% 的专利申请仅仅是为企业提供了基本的防御型知识产权的保护。"理解作者的观点非常重要，但最终，解释是主观的。例如，对我而言，非常难理解当"低度相关"专利既然已经被定义为"和产业不相关"，这样的"低度相关"的专利怎样对"提供基本的防御性的知识产权保护"作出贡献。可能"低度相关"的专利在某种意义上作出贡献，表明其拥有者拥有特定数量的专利，但这些专利如此的薄弱，以至于它们几乎是没有价值的。另一方面，笔者也怀疑"中高度相关"的专利，它们被定义为"产业需要意识到的重要专利申请，但这些可能是可以避免或缓和的"，但它们仅仅对"基本的防御性知识产权保护"作出贡献。按照笔者的理解，必须被回避设计的专利是有价值的专利。在任何情况下，笔者都同意作者所说的仅仅有 1% 的专利属于"高度相关"的专利，贡献了专利组合中的绝大部分的价值。

❷ 对"突破性专利""重大专利""非常有价值的专利""有价值的专利"以及"支持专利"的具体定义可以在"词汇表"的"根据对价值的贡献度分类的专利类型"目录下找到。一般来说，"突破性专利"是指独特的并且非常重要的发明，"重大专利"是指能够满足一定标准（较早的申请日期、高度前向它引、技术问题以及专利的范围）的高价值专利，"非常有价值的专利"是指在 VSD 评估上得分很高，但并不能归入前面两种专利中的任何一种的范畴，"有价值的专利"是指存在或很快将会存在某些对专利的侵权但并不符合前面各类型专利的定义，"支持专利"是指本身具有非常小的机制，但要么可以覆盖较小的进步，或者仅仅是贡献成为了专利组合的一大部分。

利，要么是因为它们覆盖了相对较小的技术进步，要么它们的贡献仅仅是作为专利组合的一大部分。在表 2 - 2 中，这些专利被称为"中度相关"或"低度相关"专利，它们在带头企业中的占比范围从维斯塔斯风能专利的 86.8% 到三菱风能专利的 89.0%，整个产业的平均值为 91.7%。

当我们说到一个"卓越的专利组合"时，意思是专利组合中有少量的专利——1% ~ 2%——是杰出专利；更多数量的专利——8% ~ 12%——也为专利组合创造了价值；非常大数量的专利——大约 90%——都是支持专利，要么代表了微弱的技术进步，要么加入成为专利组合的一大部分。这类数字并不令人惊讶，也没有不同寻常。因此，当说到一个"卓越的专利组合"时，我们理解到大部分价值（因此也就是专利组合的收入生成能力）主要是由 10% ~ 12% 的专利提供的，而其他的专利则主要贡献了数量。❶

2. 通过技术拐点培养专利

a. 简介

让我们首先弄清楚研发、科学、技术、专利以及企业创新之间的差异。研发通常被归类为"基础型"，意味着它对科学有贡献，但并不直接导致结果；或者被归类为"应用型"，意味着它对技术有贡献，技术转而被用来创造产品和服务。根据法律，科学概念是不能获取专利的，因此基础型研发的结果不能

---

❶　在第 35 页脚注①，特别是表 2 - 2 中引用的由罗恩·埃普森（Ron Epperson）和麦伦·卡萨拉巴（Myron Kassaraba）完成的关于风能企业的研究是以第 36 页脚注①中引用的 Totaro & Associates 公司的工作为基础的，这是笔者见过的专利组合最明显的突破。当然，这并不是支持非常少量的杰出专利创造了专利组合的大部分价值这一共识的唯一的证据。在 2012 年微软公司以 10.56 亿美元购入美国在线公司的专利组合购买案中，有文章指出在由 800 件专利组成的专利组合中，有 12 件特别有趣的专利，即大约为该专利组合的 1.5%。该篇文章参见 GREEN J, SHANKLAND S. Why Microsoft Spent ＄1 Billion on AOL's Patents［EB/OL］.（2012 - 04 - 09）［2014 - 11 - 15］. http：//www. cnet. com/news/why - microsoft - spent - 1 - billion - on - aols - patents/. 同样地，在 2011 年，由苹果、易安信、爱立信、微软、捷讯以及索尼公司组成的财团以 45 亿美元的价格购买了北电网络有限公司包含 6000 件专利的专利组合。因此，每件专利平均的价格是 75 万美元，但是这个数字几乎是毫无用处的，因为事实上是一小部分的专利创造了大部分的价值。"根据《知识资产》杂志乔夫·怀尔德所言，可能专利组合中大约有 60 件专利是'真正的钻石'"，这句话引自 HALLENBECK J. The Nortel six——＄4.5 billion peace of mind［EB/OL］.（2011 - 07 - 18）［2014 - 11 - 15］. http：//www. patents4software. com/2011/07/the - nortel - six - %E2%80%93 - 4 - 5 - billion - peace - of - mind/. 6000 件专利中有 60 件"高价值专利"，毫不意外地，这 60 件占到专利组合的 1%。没有人可以肯定地说 1% 的数字确切地代表了高价值专利。当然，实际的百分比数字会因为专利组合的不同而在一定程度上产生变化，但看起来有一个得到一致同意的业界共识就是非常少数量的专利驱动了典型专利组合的大部分价值。

形成专利。❶ 专利仅仅和应用型研发有关。应用型研发可能是针对创造一个新的产业——有些人将这类研发称为"颠覆性的"。或者，应用型研发可能是针对创造一种特定的产品或改进一种已有的产品。这些关系在表 2 - 3 中进行了总结。

表 2 - 3   研究、科学、技术、产品以及专利的差异

研究的类型	结果	可以形成专利吗	如果可以，形成了什么类型的专利
基础型研发	科学	不可以	—
应用型研发——颠覆性的	技术	可以	高价值专利*
应用型研发——渐进式的	产品	可以	改进专利**

* 高价值专利是"突破性"专利、"重大"专利以及"非常有价值"的专利的联合。

** 改进专利是对特定产品进行细微改良的专利，在许多情况下，将是"支持专利"而非"高价值专利"。然而，有可能某件专利覆盖了一项重要产品中的主要的改进，在这种情况下，这件专利可能会是一个"有价值的专利"，或者在少数情况下会成为"非常有价值的专利"。

仅仅有一小部分的应用型研发是颠覆性的，就像只有一小部分的专利——当然不会超过 2%（可能更少）——可以被称为"突破性"或"重大"或者"非常有价值"的专利。第二章这一小节的技术拐点部分将阐述一种识别并开发颠覆性技术和高价值专利的方法。

b. 以突破性专利为基础构建专利组合

要用什么来构建一个"好的专利组合"？其意味着专利组合要基于：（1）一些突破性的或其他"主要"专利（重大或非常有价值的专利）。（2）一些"有价值的专利"。（3）许多支持专利？

（1）一个"好的构想"。这是一个想法，或发明构想，可以创造一个新产业或在现有产业中真正具有颠覆性。

（2）"高价值专利"，包括突破性专利、重大专利以及其他非常有价值的但并没有达到前两个分类标准的专利。所有高价值专利不仅体现了好的构想，并且它们本身就是"好的"或者"高质量"专利。

（3）有价值的专利是指没有达到高价值专利的标准，但可能现在会被侵权，并为整体专利组合增加了重要价值的专利。

---

❶ 根据美国法典第 35 卷专利法的第 101 条的规定，只有"新的并且有用的"概念才可能形成专利。既然根据概念，基础型研发不可能立即变为"有用的"，它就不可能形成专利。所有这些都是理论上的。然而，现实却是混乱的，在可以形成专利的"应用型研发"和不能形成专利的"基础型研发"之间的界限往往并不清晰。

（4）支持专利是指覆盖了技术中心的相对较小或不太重要的特性，或可能容易被潜在侵权者通过规避设计逃避责任的专利。从自身来讲，这些专利几乎没有任何价值，但作为专利组合的一部分，在人们通过比较专利组合的规模来估计其相对价值时，这些专利的主要价值是为专利组合提供数量。

理解下面这一点至关重要。获得突破性专利或其他高价值专利的机会仅存在于其潜在的创新点是颠覆性的时候。然而，这样的机会只有在这些专利本身是"高质量"专利的时候才会被实现。

这一讨论的剩余部分将重点关注"好的构想"，这是高价值专利以及卓越专利组合的基础。

c. "好的构想"是专利价值的基础

美国电话电报公司的贝尔实验室可能是人类历史上最多产并最能创新的研发中心了，这里产生了 14 位诺贝尔奖得主，并在半导体、激光、计算机程序以及许多其他创新领域取得了根本性突破。这一成功的秘诀是什么？贝尔实验室是如何发现晶体管或者 C 语言程序的？事实上，研究人员们并没有寻求技术突破或任何类型的根本性变革。他们寻求的反而是"好的问题"，他们对此的定义是"发现一个系统中可以被改进的弱点"。[1] 这些"好的问题"产生了"好的构想"，从而变成了技术突破以及新业务的基础。

美国电话电报公司的贝尔实验室的模式在当今还有意义吗？当今的人们要怎样发现"好的构想"呢？最近的一篇文章认为至少有一种方法可以做到这一点。文章的题目为《IBM 公布了其未来五年的五大创新预测》（*IBM reveals its top five innovation predictions for the next five years*），这篇文章列出了"将在未来五年改变我们生活的五大创新"。[2] 尽管特定的创新本身就是很有趣的，但可更重要的是这篇文章谈到的关于创新和专利的内容。

第一，为了培养专利，能成为"好的构想"的发明通常发生在短期到中期，这里指最多五年。五年以上的预测是非常困难的，在很大程度上要靠运气。

第二，一个好的构想是从一项重要的发明开始的，或者可能被称为一个

---

[1] GERTNER J. The idea factory：Bell Labs and the great age of American innovation ［M］. New York：Penguin Press，2012：15, 33.

[2] 这篇文章的作者是迪恩·高桥（Dean Takahasi），文章可以通过 http：//venturebeat. com/2013/12/16/ibm-reveals-its-top-five-predictions-for-the-next-five-years/获取（最后一次浏览在 2014 年 11 月 15 日）。这五大创新包括：①为每个学生定制的教育课程；②运用销售终端服务改进当地的购物体验；③运用遗传物质创造定制化的医疗服务；④基于个人行为的定制化的数字安全守护；⑤学习型城市，让居民了解相关事宜并能促进城市管理。

"浪潮"或者一个"市场动态"。好的构想并不是由专利耕耘者创造的，而是专利耕耘者将会追随这一市场动态。

第三，创新活动为其自身创造了技术问题，为了实现创新活动的利益，这些技术问题必须被解决。能解决这些问题的专利就是模式 2 和模式 3 中所需要的这类"好的专利"。

"好的问题"有哪些例子呢？这个答案涉及笔者称为"技术拐点"的一个概念。

d. 什么是技术拐点？[1]

一个技术拐点（Technology Inflection Point，TIP），是现有技术中的一个重要——对这一技术的进步来说可能是至关重要的——一点。它是科技发展中的一项重要标准，或一项重要的要素。有些人将"TIP"看作一个"有待解决的问题"，但当且仅当对这一"问题"的解决将促进技术进步时，这一观点才是有用的。

怎样才可能发现一个技术拐点呢？至少存在两种方法来发现技术拐点。

（1）发现现有方法或系统中存在的一个主要弱点或瓶颈，并问一个问题：解决这一弱点或瓶颈将创造一项重要的技术进步吗？如果是，这就是一个技术拐点。如果你拥有，或者如果你能培养出一项发明，将这一弱点转变为一项技术拐点，那么你就可能创造专利价值。

（2）如果技术正在经历或将要经历一项范式转变，那么这一转变几乎必然会是一个技术拐点。一个很大的困难是这类转变通常在发生之前就已经被充分理解并期待了，因此以这个技术拐点为基础进而寻求发明构想可能很难实现——因为竞争手段可能已经存在了。

e. 技术拐点的例子[2]

（1）机动车辆的引擎：基于燃料进气、压缩、燃烧和排气四个阶段的标准内燃机，对于人类是极其重要的。但不幸的是它却造成了严重的问题，正在寻求技术拐点。这类引擎是极其低效的，在内燃机燃烧和震动释放的热量中，大约有 70% 被浪费了，并且造成了全球范围的污染。一项能够以合理的价格提供私人交通的解决方案，如果不会产生内燃机这样的严重浪费或大范围污

---

[1] 这一部分关于技术拐点的讨论是基于笔者之前的《专利的真正价值》一书中第 78~81 页的内容。此处的页码为原版书的页码，特此说明。——编辑注

[2] 这一部分的讨论是基于《专利的真正价值》一书中第 81~86 页的内容。

染，几乎势必将创造一个技术拐点。

（2）移动设备的电池电源：这个世界已经变成了一个移动世界。有一点是可以预知的，并且已经被一些人预知。那就是，在为移动设备提供服务中，电池电源将成为一个越来越重要的事。可能这并不像是一种新型的发动机所带来的"范式转变"，但它确实是已有系统中的一个瓶颈，并且移除这一瓶颈可以带来重大的技术以及商业机遇。大量的投资正在涌入电池技术中，但还没人知道哪条路径将走向成功。

（3）互联网视频：以现在的技术，网络上视频数量的爆炸式增长迟早会引发网络崩溃。尽管互联网崩溃似乎不可避免，但没人相信会发生互联网崩溃，即使每个人都相信对互联网视频的需求将持续爆炸式增长。这样怎么可以呢？因为技术将被开发以保证不会发生任何崩溃。是哪项技术呢？可能是存储技术，可能是压缩技术，可能是数据流量技术，可能是调制技术，可能是加密技术，可能是这些技术中的一部分或全部，也可能是其他的技术。能解决这一问题的发明可以创建突破性专利。

（4）用于数据服务器的低功耗芯片：史蒂夫·莫伦科夫，美国高通公司的首席执行官，在2014年1月6日在美国拉斯维加斯的消费电子产品展销会上发表声明：高通公司将为互联网云服务器开发低功耗芯片。❶然而这一声明并不是一个解决方案，相反，它是对一个问题的识别。互联网云服务器目前消耗了巨大数量的功率，并且由于它们所消耗的功率而造成了大量的污染。关于互联网服务器的这一问题，人们在10年前已经预见，事实上解决这一问题的任何专利可能都有非常重大的价值。减少功率消耗的迫切需要暗示了云服务器产业已经到达了一个技术拐点。❷

（5）3D打印：这是一个非常新颖并具有巨大潜能的创新领域。整体的概念是：发明构想几乎是立即被从设计转化为了由薄层材料的印刷创造出的产品。这一构想基本上是计算机辅助设计（CAD）和计算机辅助制造（CAM）

---

❶ RANDEWICH N. Qualcomm CEO Sees opportunity in data center server market［EB/OL］.（2014 – 01 – 06）［2014 – 11 – 15］. http：//www. reuters. com/article/2014/01/06/us – ces – qualcomm – idUS-BREA0510U20140106.

❷ 这一说法来源于2014年1月6日高通公司的首席执行官的声明。两天后，即2014年的1月8日，来自Nature. com的马克·佩普洛发表了一篇关于什么看起来像是关于能源储存的巨大突破性发明的报告，报告的题目是《平价电池储存能量以备不时之需》，报告可以通过http：//www. nature. com/news/cheap – battery – stores – energy – for – a – rainy – day – 1. 14486获取（最后一次浏览在2014年11月15日）。新的技术显然将考虑来自间歇来源——如风能或者太阳能等能源的平价储存问题。新技术似乎将对降低数据服务中心的能源消耗起到很大的潜在影响。关于这一技术或相似技术的任何已有专利可能都将具有非常重要的价值。

二者的结合，但拥有两个特定的优势。

第一，比传统制造业的成本低得多，有时候是几个数量级的差距。❶

第二，为新型的制造业，例如大体上可以自行制造的产品，提供了潜在的可能。❷

在潜在的 3D 打印实现之前，很明显会涉及许多问题，但这些问题恰巧是可以导致随后的杰出专利或连同以这些专利为基础的新业务出现的这类型问题。

f. 以技术拐点为基础的大趋势

IBM 在其文章中列出的五大趋势是什么呢？时间框架，即"五年之内"，绝对是正确的。五大趋势——定制化教育、本地购买改善、定制化医疗、定制化数字监护人以及城市改善——当然足够宏大，足够重要，可以成为技术拐点。然而这些趋势也可能在明确可能形成专利的"发明构想"上有些模糊。IBM 认为所有的这五大趋势中的共同要素是"一切都要学习"。这是一个有趣的特性，但可能更有用的是"所有这些趋势将使得服务成为私人定制"。以前我们不得不说"在这一特定技术中，一个尺寸需要适合所有的人"，现在我们可以说"运用新的技术，每个人都可以享受他或她自己的服务，也就是对这个人来说价值最大的服务"。

什么样的技术发明将使得教育、医疗以及城市生活出现转折点呢？IBM 强调了①云计算技术；②大数据分析技术；③自适应学习技术。能使这三种之一成为可能的发明的，都是能够创造技术拐点的候选技术。

g. 技术拐点以及专利模式总结

在开发技术或产品后创建一个卓越专利组合被称为模式 2，在新业务之前

---

❶ KRASSENSTEIN E. Man Compares His ＄42，000. Prosthetic hand to ＄50 3D printed cyborg beast ［EB/OL］.（2014 – 04 – 20）［2014 – 11 – 15］. http：//3dprint. com/2438/。尽管打印的假肢手比传统制造的假手要便宜 3 个数量等级，但没人可以说这两个产品是相同的。它们当然不是相同的，但它们却指明了走向未来的路。HARDIMAN J T. 3 – D printing creates customer knee replacements ［EB/OL］. The washington Times，2014 – 08 – 23 ［2014 – 11 – 15］. http：//www. washingtontimes. com/news/2014/aug/23/3 – d – printing – creates – custom – knee – replacements/? page = all. 该文章非常强烈地暗示了由 3D 技术创造的膝关节置换术将统治整个膝关节置换术市场，尽管在目前的价格相比创造膝关节置换术的之前的方法"稍微高了一点"。

❷ MILLSTEIN S. 3 – D – printed robot self – assembles when heated，So the robot apocalypse just become inevitable ［EB/OL］.（2014 – 05 – 26）［2014 – 11 – 15］. www. digitaltrends. com/cool – tech/mit – researchers – developed – 3d – robots – self – assemble – heated/.

或与新业务几乎同时创建了一个卓越的专利组合被称为模式3。这两个模式都要求：①好的构想；②突破性、重大的或其他"高价值专利"能够体现这些好的构想；③一个专利组合是高价值专利、有价值的专利以及支持专利的正确组合。

识别技术拐点是产生好的构想的一种方法。好专利的构建并不是本书的目标，❶但更确切地说，本书的目标是一个过程的完成。这个过程开始于一家企业有意识地开始寻求一个杰出的专利项目，直到开发出一个卓越的专利组合。

3. 两个经典的问题

阐述企业内部专利项目的开发与管理是第二章第四部分的目标。然而，在考虑专利项目之前，让我们首先在第二章第三部分这里考虑一下在专利组合的计划和管理中不断被提起的两个问题。

a. 创建抑或购买

不管专利项目的所有权是如何发生的，其实都没有区别。然而，有些企业会有一种"非我发明"的综合征，它们并不愿意从别处购买专利。尽管人们可能能理解这些企业的心理活动，并深有同感，但这种不愿意却是生错了地方。在经济上，一件专利是创建的抑或是购买的，并没有区别。考虑下两家企业购买专利填补专利组合漏洞的例子。这两个例子在第一章中都有提及。

（1）购买案例1——博通公司

博通公司和高通公司2005～2009年正忙于打官司。博通公司向美国国际贸易委员会和联邦法院提起了诉讼。尽管博通公司在那时拥有大约1000件美国专利，但该公司主张权利的总共有8件专利，其中有5件是通过美国国际贸易委员会主张其权利，还有3件通过法院主张权利。❷在这两起诉讼中，专利完全没有重叠。表2-4展示了诉讼的结果。

---

❶　好的专利的构建是笔者另外两本书的目标。《专利的真正价值》一书解释了"好专利"的概念，并提供了这类型专利的例子。《攻坚专利：避免最常见的专利错误》讨论了阻止专利自身成为"好专利"的最常见的错误有哪些，并提供了这些类型错误的例子。

❷　从大的专利组合中选择特定的专利进行权利主张是诉讼中的标准做法。法庭不会允许原告对数百件的专利进行权利主张——由此产生的诉讼简直将无法处理。

表2-4 博通公司与高通公司诉讼中的专利*

诉讼管辖	诉讼日期	诉讼专利	赢得诉讼的专利
ITC 337 - TA - 543	2005年6月至2008年10月14日	博通公司提交并申请的专利：US6583675、US6359872 博通公司购买专利申请，后博通公司获得授权： 申请号为08/513658，授权后变为 **US6714983** 博通公司购买的已授权专利：US6374311、US5682379	**US6714983**，该专利是博通公司购买的专利申请，随后授权给高通公司的专利，其他专利退出了案件
加州中心区地方法院以及美国联邦巡回上诉法院	2005年5月至2008年9月24日	博通公司自己提交并申请的专利：US6847686 博通公司购买的已授权专利：**US6389010**、**US5657317**	**US6389010** 和 **US5657317** 赢得了诉讼，这两个专利是博通公司购买的专利，其他专利败诉

*赢得诉讼的专利用加粗字体标出。

2002年12月24日，博通公司在与一家企业的某笔交易中购买了3件专利，这3件专利就是赢得诉讼的所有专利。❶ 在这3个专利项目中，博通公司购买的 US6389010 和 US5657317 为已授权专利，而购买的 US6714983 则是一件未决申请，申请号为08/513658，并继续履行了从申请到授权的过程。

这是一个来自知名企业的很明确案例，企业自己提交并申请了成百上千个专利项目，然而仍然通过购买授权专利，以及未决申请以继续履行直至完成授权的专利，来补充其专利组合。被购买的专利随后会被用于侵略性诉讼。

（2）购买案例2——Silanis 科技公司

作为通过购买支撑其专利组合的第二家案例企业，Silanis 科技公司，我们在第一章中已经讨论过，专利组合中的所有专利项目都是自己独自申请和进行的，除了专利 US5606609 之外。这件专利是 Silanis 科技公司在2000年1月26日购买的一件杰出的专利。这是一个小型、相对年轻的企业案例，它购买了一件专利作为其早期努力的一部分，用以构建一个防御型专利组合。

（3）由运营企业创建专利

上面的例子都是基于"购买"的，但从外部购买专利是与企业共同期待

---

❶ 事实上，博通公司支付了大约2400万美元从美国易腾迈公司购入了150件美国专利以及非美国专利项目，同时包含了专利以及专利申请。专利项目是与诸如 IEEE 802.11 网络体系、电源供应以及数字视频录像机等领域相关的。例如，可以参考 MATSUMOTO C. Broadcom picks a peck of patents［EB/OL］.（2002-12-26）［2014-11-15］. http：//www.lightreading.com/ethernet-ip/broadcom-picks-a-peck-of-patents/d/d-id/587217.

相背的。在运营企业（企业的主要工作是提供产品或服务而非整合专利）中，主要模式是在内部申请专利而非购买专利，尽管可能会运用购买专利作为专利组合的补充。

在《专利的真正价值》一书中，很明显企业获得重大专利的主要方式是提交并实施专利申请，而不是去购买重大专利。❶ 那些购买的例子中包含了杰出的专利，但数量非常小。

2014 年 6 月 10 日，美国知识产权所有人协会（The Intellectual Property Owners Association，IPO）公布了 2013 年美国专利获得者前 300 名的年度榜单。❷ 这些企业中的绝大部分是运营企业——事实上，在美国专利获得者的前 300 名中，可能只有 2 家似乎是主要从事专利业务的。❸ 表 2 - 5 仅仅展示了排名前 20 位的企业，所有这些企业都是积极的运营企业，主要依赖产品和服务获取收入。它们获得专利的主要活动是通过内部创建而非从别人那里购买。

表 2 - 5 2013 年美国专利获得者排名前 20 位的企业*

排名	企业	2013 年获得的美国专利/件	2012 ~ 2013 年的增长率
1	IBM	6788	5.1%
2	三星电子	4652	(7.8%)

---

❶ 在《专利的真正价值》一书中回顾了 55 件专利，其中 16 件专利被详细地进行了分析。在被详细分析的专利中，有 10 件专利，或者说 62.5% 的专利是完全通过企业内部创建的，其拥有者包括美国电话电报公司、捷邦安全软件技术有限公司、i4i 公司、飞利浦公司、高通公司、西门子公司、TiVo 公司、趋势科技公司、Uniloc 公司。在集中讨论的专利中，有 6 件专利，或者说 37.5% 的专利是从其他实体购买的，包括博通公司、康卡斯特公司、微软公司、夏普公司以及 Silanis 科技公司购买的专利。每一家购买了杰出专利的公司同时也积极地在企业内部进行提交并实施专利申请的活动。

❷ 前 300 名美国专利获得者的名单可以通过 http：//www. ipo - content/up；oads/2014/06/2013 - Top - 300 - Patent - Owners_5.9.14. pdf 获取（最后一次浏览在 2014 年 11 月 15 日）。也可以浏览由美国商业专利数据库（IFI Claims Patent Services）发布的一份竞争性榜单的内容。该数据库属于 Fairview Research 公司的一个部门，尽管在每家公司已授权专利的数量上以及总体排名上有一些不同，但这份榜单和美国知识产权所有人协会的榜单总体上是非常相似的。美国商业专利数据服务机构 IFI Claims Patent Services 的榜单内容可以通过 http：//www. ificlaims. com/index. php？page = misc_top_50_2013&keep_session = 1800844745 获取（最后一次浏览在 2014 年 11 月 15 日）。

❸ 这两家很明显专门从事专利业务的企业是发明科学基金有限责任公司（该公司是高智公司的一个部门）以及交互数字科技公司。这两家企业都是仅仅关注专利的数量，而没有关注专利的质量，它们在美国专利的获取上是相对较小的参与者。发明科学基金有限责任公司排名第 133 位，在 2013 年获得 252 件美国专利，和 2012 年相比下降 15.4%。交互数字科技公司排名第 163 位，在 2013 年获得 284 件专利，和 2012 年相比下降 12.0%。然而，这两家实体，即高智公司和交互数字公司，在专利市场上都是非常重要的参与者——高智公司在产生许可收益上表现突出，而交互数字科技公司在产生许可收益以及销售专利上表现突出。最重要的是为了当前的目的，不管其内部的专利努力如何，高智公司获取专利的主导方式已经是购买专利的方式了，而交互数字科技公司则主要对其自己的发明进行专利申请。

排名	企业	2013 年获得的美国专利/件	2012~2013 年的增长率
3	佳能	3918	18.5%
4	索尼	3316	(8.1%)
5	乐金电子	3117	16.2%
6	微软公司	2814	4.1%
7	东芝	2679	3.0%
8	松下	2649	(6.4%)
9	日立	2399	(11.9%)
10	谷歌	2190	90.3%
11	高通	2182	48.3%
12	通用电气	2086	2.3%
13	西门子	1828	(8.6%)
14	日本富士通公司	1802	(6.3%)
15	苹果公司	1775	56.3%
16	英特尔公司	1730	34.4%
17	美国电话电报公司	1658	17.9%
18	通用汽车	1621	18.0%
19	精工爱普生	1488	2.3%
20	日本理光	1469	4.4%

＊该表根据美国知识产权所有人协会的资料整理。

　　表2-5中的名单是按照获得2013年授权的美国专利最多的企业进行排名的。未来可能会发生什么呢？我们可以将2012~2013年的增长率百分比，即表2-5中的最后一列，用来预测未来的排名。将2013年作为基准年，运用2012~2013年的增长率进行预测，预测到的2014~2020年美国专利前几名获得者列在了表2-6中。❶

---

　　❶ 在这个名单中，笔者已经排除了三星Display公司的排名。该公司是一家聚焦于"智能"数字信号的公司。三星Display公司在2012年拥有237件美国专利，在2013年拥有1259件美国专利，年增长率达到431.2%。如果这一比率持续下去，三星Display公司将在2014年成为专利排名第二的企业，在2015年排名第一，拥有比接下来的5家最大的专利生成企业联合起来还多的专利，在2016年将拥有所有美国专利的一半左右，并且将拥有2017年美国所有授权专利的70%左右。显然，这样的趋势不可能持续。对这样的统计上的疯狂一定会有一个极限，但笔者并不知道极限在哪里，所以笔者只能说，这家企业，三星Display公司，很明显想要占领数字信号市场，除此之外，笔者在这里并不会将该公司列入名单中。

表2-6　美国专利获得者前五位的企业预测

排名	2013	2014	2015	2016	2017	2018	2019	2020
1	IBM	IBM	谷歌	谷歌	谷歌	谷歌	谷歌	谷歌
2	三星电子	佳能	IBM	IBM	苹果公司	苹果公司	苹果公司	苹果公司
3	佳能	三星电子	佳能	高通公司	高通公司	高通公司	高通公司	高通公司
4	索尼	谷歌	高通公司	苹果公司	IBM	佳能	佳能	英特尔公司
5	乐金电子	乐金电子	苹果公司	佳能	佳能	IBM	英特尔公司	美光科技

从表2-5以及表2-6，我们可以观察到如下内容。

1）许多排名靠前的公司近年来并未发生变化。IBM和三星电子已经好几年位列前茅。表2-5中的许多日本和韩国企业最近几年已经成为美国专利的主要获得者。

2）可能多少有点令人震惊的是，一些美国的知名企业，特别是高通公司，包括美国电话电报公司、通用汽车，以及英特尔公司，继续大量投资在构建它们的专利组合上。美光科技是一家知名企业，之前并不以专利著称，但目前正大量投资于专利。

3）像苹果公司和谷歌这样的企业，以前被视为对专利持相对反对态度。但以后不会再这样了。❶ 如果现在的趋势持续下去，到2017年，谷歌和苹果公司将分别成为排名第一和第二的企业。

4）如果目前的趋势持续下去，到2020年，排名前五位的企业将纯粹由美国的企业组成，这将是多年来第一次成真。❷

---

❶ 苹果公司对专利的兴趣从这一列表中看得很明显，更别说苹果公司针对三星公司展开异常积极的世界范围的诉讼了。谷歌从一家几乎完全对顶尖选手中的任何一个都很漠然的公司转变为现在这样的公司，这一转变是非常引人注目的。可以参考 Google's evolution from IP refusenik to major patent owner continues［EB/OL］. （2014 - 06 - 10）［2014 - 11 - 15］. http：//www. iam - magazine. com/blog/ detail. aspx? g = 963240a0 - e700 - 4a99 - a676 - c34e00f00c79. 该文章指出谷歌最初在2008年出现在榜单中，排名290位，拥有58件专利。在2013年，谷歌排名第十位，拥有2190件专利，2012~2013年的增长率为90.3%，2008~2013年的年复合增长率为107%。除了所有的这些，谷歌还在2011年从摩托罗拉公司购买了17000件专利以及7000件专利申请。摩托罗拉公司最初也被认为是对专利相对漠视的，甚至可能还有点敌视，但现在似乎不再是这样了。

❷ "如果目前的趋势持续下去。"表2-6是根据2012~2013年的成果为基础进行推断的。我非常清楚推断的局限性，特别是对长期预测来说。美国的幽默作家马克·吐温指出，在176年的时间里，密西西比河自身已经缩短了242英里，或者说每年的缩短量比1.33英里多一点点。因此，按时间往后推断，很明显在志留纪，即大约100万年前，密西西比河一定像一根钓鱼竿一样伸出墨西哥湾，并且按时间往前推断，仅仅需要742年，开罗、伊利诺伊以及新奥尔良将连接在一起，拥有同一个市长以及统一的市议员委员会。马克·吐温，《密西西比河上的生活》（*Life on the Mississippi*，1883），可以通过 http：//www. markwareconsulting. com/miscellaneous/mark - twain - on - the - perils - of - extrapolation/ 获取（最后一次浏览在2014年11月15日）。简而言之，推断具有局限性。然而，在某些情况下，并且笔者坚信在这里，推断将指向表明一般趋势的方向，即使在细节上将会存在一些错误。相对而言，像谷歌、苹果公司以及高通公司这样的企业似乎正在努力重视专利以及专利活动中的竞争地位。

所有这些意味着什么呢？笔者已经指出，企业需要作出一个长久的决定，即通过创建抑或购买来获得它们的专利组合。运营企业喜欢从内部发明创建专利组合的决定势不可挡，它们不喜欢购买外部专利。事实上，运营企业也会购买专利，特别是它们认为杰出的单件专利或强劲的专利组合，但总的来说，运营企业可能将继续依赖创建专利，而非购买专利作为它们获得专利组合的主要模式。

（4）创建和购买的对比

尽管运营企业很明显喜欢创建专利组合而非购买，但对于其他企业来说，却并非如此。考虑一下运营企业和专利整合者关于这一问题的观点。见表2-7。

表2-7 按照企业类型划分的专利活动的模式偏好

企业类型	案例	专利活动的模式偏好
大多数运营企业	富士胶片株式会社、通用电子、谷歌、微软公司、日本电气公司、三星以及许多其他企业	创建专利是它们偏好的模式，但在特殊情况下也可能会购买专利
运营和专利的混合企业，积极许可型	博通公司、IBM、高通	明确偏好创建专利，但博通公司已经购入一些高质量专利
侵略型专利整合公司	阿卡西亚研究、Conversant 知识产权管理公司（以前被称为"Mosaid 公司"）、Innovatio IP 公司、高智发明公司（也称为"IV 公司"）、交互数字通信有限公司、Rembrandt 知识产权管理公司、无线星球以及 WiLAN 公司	以购买专利或获取许可权利为主，然而内部创建作为辅助活动也是常见的（交互数字通信有限公司以及无线星球主要通过创建获得专利）
防御型专利整合公司	企业安全联盟（也被称为 AST）、License Transfer Network（也称为"LOT Network"）、开源发明网络（也被称为"OIN"）、RPX 公司以及 Unified Patents 专利组织	极度偏好购买专利而不是创建专利

关于各种不同类型企业的专利活动，我们可能从中观察到如下内容。

1）正如上面讨论过的，大多数运营企业喜欢的专利活动是创建而非购买专利。

2）在许可上作出了积极努力的混合型企业不仅在运营上很积极，而且从专利上获取了相当一部分利润。例如，高通公司的产品和服务产生了其2/3的收益，但仅仅占其利润的1/3，而许可活动则构成了总收益的1/3和利润的2/3。

3）侵略型专利整合者想要创建专利组合，但主要方式是从外部购买专利。高智公司不得不快速累积其专利组合，从 2000 年成立开始的早些年间，几乎全部被购买行为所支配。现在的高智公司正忙于创建和购买两种活动，然而据我所知，其主要模式仍然是购买专利。阿卡西卡公司通常不购买专利，但也不创建专利——而是从专利所有人那里获取诉讼权利，并分割收益。Innnovatio 公司主要从事购买专利的活动，但也可能参与应急诉讼，而这正是阿卡西卡所使用的方法。交互数字通信有限公司在这一类别中是独特的——主要是因为它开发了自己的构想并创建了自己的专利组合。

4）防御型专利整合者几乎都是专利的购买者而非创建者。

（5）创建和购买的过程

通过创建形成专利组合和通过购买形成专利组合之间具有很大的相似性。当然还存在区别，但形成专利组合的过程可能比乍看起来要有更多的相似性，具体请参见表 2 - 8。

表 2 - 8　创建和购买专利的过程

步骤	创建专利组合	购买专利组合	过程差异
1	规划公司战略	规划公司战略	差异很小或没有差异
2	规划专利战略	规划专利战略	差异很小或没有差异
3	决定要保护的具体技术和产品	明确专利组合中的漏洞	差异仍然很小。在两种情况下，企业都必须决定它们需要什么，还没有什么
4	明确企业内相对具有创新性的构想	明确可以购买的专利以及专利申请，可能是通过经纪人或中间人来安排	关注内部与外部的对比
5	提交申请，并履行直到授权	购买并维护专利，可能购买专利申请并履行直到授权	相当不同。创建专利会花费一定款项，但在工程和管理时间上非常集中。购买专利通常需要较少的时间，但通过花费更高的成本

内部创建专利组合的两大优势是价格通常比购买高质量专利要低得多，并且因为创建者可以撰写并申请自己的专利，因此灵活度要大得多。

购买专利的两大优势是它比内部专利创建要快得多，并且因为购买者了解正在买的东西（因为专利以及专利的诉讼历史都已经获悉），因此对结果有更优的掌控。若专利买方购买的是未决申请而非已授权专利，其对结果的控制程度将会下降（因为未来的诉讼不可能被获悉），但每个专利项目的价格也会下降。

表 2 - 9 是对上述观察更形象的总结。

表 2 - 9　创建和购买专利的优势和劣势

要素	创建专利	购买专利
成本	+ 通常较少	- 总是很高
灵活度	+ 有能力撰写专利	- 专利已经给定
专利的确定性	- 永远不知道将会发生什么	+ 一件授权专利就是一项已知的产品
速度	- 通常每件专利需要 3～5 年	+ 一旦购买立即可以使用

（6）关于创建抑或购买的结论

一般来说，运营企业倾向于更喜欢创建专利而非购买专利，各类型的整合公司（有一些例外情况）倾向于更喜欢购买专利而非创建专利。在所有的企业中，尽管有些特定企业会有非常强烈的喜欢购买或者创建的偏好，但当情况有需要时，企业都会愿意进行创建或者购买。简而言之，当今的大多数企业，无论是运营企业或者以专利为导向的企业，无论是侵略型或者防御型的企业，都已经意识到开发它们专利组合的必要性。无论使用何种工具，在特定情况下，它们都将愿意创建或者购买专利。创建或购买专利的过程在前期是非常相似的（战略开发），但在后期却大不相同。在后期，作为创建专利过程的一部分，必须提交内部申请并履行直到授权；而作为购买专利过程的一部分，必须明确要购买的专利并进行购买。

b. 质量抑或数量

除了创建抑或购买，企业经常会面临的另一个抉择是，是否应该将初期专利工作的重点放在获取相对较少数量的高质量专利上，还是应该将工作的重点放在获取相当大数量中等质量的专利上。换句话说，要质量还是数量？

首先，让我们假定，企业的长期目标是在专利组合的质量和数量之间建立起一个平衡。相反的假设很明显是不明智的。即仅仅拥有一些高质量专利的专利组合在长期是不可行的。专利到期后，专利组合就经常会在专利局、美国国际贸易委员会以及法院遭受攻击。它们的权利要求常常被限制或无效化，甚至一些最好的权利要求也可能被竞争者们通过规避设计来避免侵权。完全依赖于一些高质量的专利是不明智的。同样，没有任何质量的一个大规模专利组合就像是城市公寓中的一头大象。你打算怎么处理它？你如何支付它的维护费用？

可能这样的专利组合存在有其正当理由，但这个理由也仅仅在短期成立。❶ 最终，唯一的好的专利组合将是质量和数量的结合。

随着时间的变化，企业可能会用到 3 种战略。

战略 1：首先获取高质量专利，然后积累支持专利。

战略 2：获取大量专利，可能是通过创建，但更大的可能是通过大量购买，然后创建或购买少量高质量专利用以补充数量。

战略 3：如果可能的话，同时发展质量与数量。

（1）战略 1——质量先于数量

小企业在其专利工作中尤其注重质量而非数量，原因有两个。

第一，小企业能生存是因为它们认为已经发现了对市场来说具有重大价值的一些发明。这可以是一项技术发明，一项已知技术的新用途或新应用，或者以前并不知道的一种独特的方法。一定存在某种类型的发明，因为发明是小企业存在的价值。这个发明是企业的核心，必须被可以获得的最高质量的专利所保护（或被少量的高质量专利保护）。

第二，小企业一般来说是急需资源的。它们常常缺少资金，并且总是处在需要高级管理人员和工程师的时代。如果开发专利项目，它们可能仅仅能够负担得起少许专利，但这些专利应该是企业能取得的最好专利。新成立的企业以及其他小企业通常坚持将众多的发明形成一个单独的"庞大的申请"，然后在继续申请中对每项发明进行分案申请。可能的结果是：①为整个专利组合保留单一的早期优先权日；②推迟了多项发明所需的大额申请费用，并且只有当几年后提起分案申请或继续申请时，才可能产生成本；③总成本可能会减少——审查成本可能没有减少，申请成本可能也没有减少（对相同数量的申请来说，最终是相同的），但一件单独庞大申请的准备费用可能比准备 3 件、4 件或更多单件申请的准备费用要低，如果每个发明对应一件申请的话。可以确定的是，一件庞大申请的成本当然比一件单独的普通非临时申请要高，但可能比为多项发明提交多件非临时申请的成本要低得多。

想要重视质量而非数量的意愿几乎必然会成为捷邦公司的动机。这家企业我们在第一章中已经讨论过，该企业在 20 世纪 90 年代中期申请了两件关于防火墙的杰出专利。Silanis 科技公司可能也是如此，我们在第一章中也进行了讨

---

❶　笔者完全能理解，确实有一些实体，包括企业以及个人，获取低质量以及低价值的专利，威胁要采取法律行动，然后提出会放弃威胁——如果被控侵权人将支付少于抗辩成本的一大笔许可费的话。这种形式的合法化勒索在法律和商业的许多领域都有发生，但这并不属于本书的主题。笔者在这里只提到一些态度严肃地想要创建一个卓越的专利组合的公司。

论。该企业在 2000 年购入了一件杰出的专利。这似乎是小企业的一种模式。一项研究❶表明，"小企业"（定义为员工人数在 500 人或 500 人以下的企业）的专利会被后来的专利大量引用。❷ 即使在所有专利随着时间在技术领域标准化之后，小企业的专利被引用的量也要比大企业的专利被引用量大得多。❸ 根据这项研究，高引用率可以"代表该专利在经济上和技术上都是重要的发明"。❹

这一项研究并不令人惊讶，并简单地确认了通过逻辑以及经验可以总结出的内容。小发明型企业，根据所做事情的性质，以及资源限制的情况，常常将早期专利活动的重点放在质量而非数量上。尽管大多数这类企业都失败了，但如果一家小企业可以战胜困难并成功，可能随后会大幅度提高数量来补充其专利的质量，可能会以一件庞大的申请来获得早期优先权日。

（2）战略 2——数量先于质量

很明显，大企业支配着世界上大的专利组合。在 2013 年获得最多美国授权专利的实体中，排名前 100 位的几乎都是大公司（除了一家研究机构，一所

---

❶ 这项研究是"小型系列创新者：小企业对科技变革的贡献"（Small Serial Innovator：The Small Firm Contribution to Technical Change）。该研究由新泽西州哈登海茨的 CHI 研究公司发布，是为美国小企业管理局的宣传办公室准备的，于 2003 年 2 月 27 日发布，文章可以通过 http：//archive. sba. gov/advo/research/rs225tot. pdf 获取（最后一次浏览在 2014 年 11 月 15 日）。CHI 研究公司的这项研究后来在 2005 年被发布在"在技术市场上高度创新的小企业"（Highly Innovative Small Firms in The Market for Technology）一文中，该文章的作者是佐治亚科技研究公司的戴安娜·希克斯（Diana Hicks）和迪帕克·海格德（Deepak Hegde），文章可以通过 http：//smartech. gatech. edu/bistream/handle/1853/24060/wp4. pdf 获取（最后一次浏览在 2014 年 11 月 15 日）。这项研究常常被引用，包括在非常近期的文章中也有引用。例如，可以参照 SCHMIDT R N，JACOBUS H，GLOVER J W，Why "patent reform" harms innovative small business ［EB/OL］. （2014 - 04 - 25）［2014 - 11 - 15］. http：//www. ipwatchdog. com/2014/04/25/why - patent - reform - harms - innovative - small - businesses/id = 49260/. 在注释 ［i］ 和注释 ［iii］ 中，还可以参照 ARGENTO Z. Killing the golden goose：the dangers of strengthening domestic trade secret rights in response to cyber - misappropriation ［J］. Yale law Journal，2014，16 （172）：175.

❷ 早期专利获得的来自最近专利的引用，这对早期专利来说被称为"前向引用"，因为引用在时间上是向前的。可以参考"词汇表"中的"一项专利被另一项专利引用"。

❸ 这一结论似乎贯穿了 CHI 研究公司的整个研究中。例如，小企业被认为在进行研究的 1996 ~ 2000 年创造了美国专利样本的 6%，但却占据了"被引用最多的专利"中的 14%（拥有最多前向引用专利的 1%）。即，相比大企业的专利，小企业专利处于被引用最多的专利组别的可能性高出 14%/6% = 2. 3 倍。根据这项研究，即便专利随着时间推移在技术领域"标准化"之后，小企业的专利仍然比大企业的专利获得多于 30% 的前向引用。

❹ 运用前向引用分析来辨认高质量专利在《专利的真正价值》一书中被详细讨论过。总的来说，笔者认为被称为"前向它引"的确实是在技术或经济上具有重要性的一个象征，"前向它引"的意思是被其他实体前向引用，但是"前向自引"（企业引用自己的专利）并不能代表这样的一种象征。请参考《专利的真正价值》一书第 66 ~ 70 页以及第 307 ~ 319 页。

大学以及美国海军之外）。❶ 而且，美国专利商标局在 2013 年的年度报告中称其发现在 2012 年授权的专利中，大约 21.07% 的专利被授权给了专利法规定义的"小企业"。这就意味着 78.93% 的专利授权给了大企业。❷

小企业和大企业在申请数量上存在的差异，原因有哪些呢？这些原因与申请质量有关吗？在之前引用的题目为《专利组合》（*Patent Portolios*）的文章中，作者帕克莫维斯基（Parchomovsky）和瓦格纳（Wagner）证实"大企业获得专利更多，而小企业获取专利时更加谨慎"（第 53 页）。他们也提到了（第 55 页）"在专利组合理论中，这一模式是可以被解释并且期待的……对大企业来说，一个主要的驱动力……就是需要创造大量的专利组合——不依赖于任何特定专利的期望值……然而，小企业有可能本质上更多地受到资源的限制……"

可以解释这一模式的"专利组合理论"是什么？或者换句话说，为什么大企业广泛地获取专利却不考虑专利的质量？帕克莫维斯基和瓦格纳认为专利组合有两大关键性优势——他们称为"规模"（对一个或少量创新点的深度覆盖）以及"多样性"（构想的宽度、主要构想以及/或相关的创新点的不同实施）。另外，帕克莫维斯基和瓦格纳认为随着专利组合的数量扩大，"规模"以及"多样性"会同时变大，几乎和专利组合中单件专利的"期望值"无关——无论专利组合中单件专利的相对质量如何，即使专利组合中的专利质量很低并且还在降低（第 42 ~ 43 页）。

这是真的吗？即使面对价值较低或价值正在降低的增补专利，大企业也要获取专利，真的是这样吗？大企业将"规模"以及"多样性"的优点看作最主要的，甚至是唯一定量的指标，以至于并不关心专利组合中的质量方面，这是真的吗？想一想下列内容。

一些专利从业者在专利管理中认为大企业确实将大量的焦点放在了数量上，甚少关注质量。

各类论坛的演讲者们有时会提到在企业并购的谈判中，或者大规模专利组合的购买中，双方通常关注专利以及专利申请的数量和地理位置，但很少关注质量。

---

❶ 美国知识产权所有人协会在 2013 年出具的最多专利获得者前 300 名的年度榜单，如本书第 45 页脚注②所述，第 1 页和第 2 页。

❷ 美国专利商标局《2013 年会计年度业绩和问责报告》（*Performance and Accountability Report for Fiscal Year* 2013），表 11，"发明专利授权给小型实体（2009—2013 年会计年度）"（Utility Patents Issued to Small Entities（FY2009 - FY2013）），第 198 页，可以通过 http：//www. uspto. govabout/stratplan/ar/USPTOFY2013PAR. pdf 获取（最后一次浏览在 2014 年 11 月 15 日）。

在许可谈判中，人们通常会慎重考虑双方持有专利的相对数量，而不是专利的质量。在某些情况下，仅仅是粗略地审查一下专利，甚至连审查都没有。

另外，一些专利同行和演讲者认为在大规模交易中，高质量专利的确认是至关重要的。这和笔者自己作为专利评估员和专利经理的经验相符，但笔者并不能确定这是否确实是大企业内有影响力的观点。

问题是，评估质量是需要时间、专家评价以及金钱的。因此仅仅依赖于专利数量而非评估专利组合的质量要更加容易，且更加快捷，更别说也更加便宜了。除非存在很明确的标准来衡量专利的"质量"，否则很有可能许多企业将主要甚至仅仅关注数量，而甚少关注质量。❶

（3）战略 3——同时发展质量与数量

前面的战略会制造矛盾。在"早期应该关注质量"和"早期应该关注数量"之间产生矛盾。有些人，包括笔者在内，认为数量必须辅以质量，但其他人，特别是帕克莫维斯基和瓦格纳认为，大企业几乎完全被数量消耗，而且实际上，无论这些企业说什么，专利组合理论显示，这些企业几乎完全关注数量的情况将继续下去。

有可能解决质量和数量之间的冲突吗？也就是说，有可能同时发展质量和数量吗？有人完成了这一壮举吗？答案是肯定的。质量与数量的结合已经达成了，因此，是的，有可能同时发展质量和数量。

回想一下《美国电气和电子工程师协会会刊》发布的年度专利实力评鉴。该评鉴报告中一共包含了 17 种类型的企业、大学以及研究机构，总共 336 家组织机构。这其中包含了 160 家企业，8 个类别，都明显属于 ICT 的一般领域。这个领域也是本书关注的重点。❷ 在 160 家 ICT 企业中，谷歌的专利组合实力排名第一，在报告的 336 家组织机构中也是排名第一的。苹果公司的专利组合实力排名第二，同样也是在 160 家 ICT 企业中以及报告中提到的所有 336

❶ 笔者之前的两本书恰恰是打算来讨论这个问题的。《专利的真正价值》一书定义了卓越专利的特性，并分析专利以便明确什么是卓越，以及什么是不足。《攻击专利：避免最常见的专利错误》一书识别并解释了专利中最常见的错误，即，会阻碍专利成为"高质量"专利的错误。"高质量"专利是指那些达到了卓越专利的特性，并且避免了专利中最常见错误的专利。因此，就笔者个人的意见来说，专利的"质量"是可以被确定的，"高质量"专利是可以被识别的，并且一个专利组合是可以根据一些"高质量"的专利以及许多支持专利来进行评判的。然而，笔者书中的"专利的质量特性"以及"专利中最常见的错误"既不是常识，也不是普遍接受的标准，因此笔者并不能确定，是否大公司确实会完全只关注定义清晰的专利的"数量"，而不是去关注企业可能会认为定义相对模糊的专利的"质量"。

❷ 这 8 个类别很明显属于 ICT 领域的一部分：（1）通信及互联网设备；（2）通信及互联网服务；（3）计算机外围设备和存储器；（4）计算机软件；（5）计算机系统；（6）电子设备；（7）半导体设备制造；（8）半导体制造。

家组织机构中都排名第二。可能更重要的是，谷歌和苹果公司不仅仅是分别排名第一和第二的公司，而且它们的实力远远高于其他竞争者，谷歌和苹果公司的专利组合实力分别为 8890 和 7984，排名第三的 DigitalOptics 公司的专利组合实力为 4993，后面一系列公司的综合实力大约为 4000（IBM、微软以及高通）。

笔者并没有单独地仔细研究过这些专利组合，因此既不赞同也不反对《美国电气和电子工程师协会会刊》的评价。笔者能说的仅仅是，美国电气和电子工程师协会是一个声誉良好的机构，《美国电气和电子工程师协会会刊》是一本非常有名望的杂志。这本杂志的专利组合实力排名将谷歌和苹果公司分别排在了第一位和第二位，我们在这里可以将其看作质量的代表。

在数量方面，谷歌和苹果公司很明显并不是美国专利的最大持有者。在 2013 年获得最多美国专利的企业中，谷歌以 2190 件的数量排名第十，苹果公司以 1775 件的数量排名第 15。它们在 2012～2013 年美国专利的年度增长率分别为 90.3% 和 56.3%。如果目前的增长率能持续下去，谷歌到 2015 年将成为获得美国专利最多的企业，苹果公司将在 2017 年成为美国专利第二大的获得者，并且它们都将保持这一地位直到这个十年结束。❶

对于有可能将质量和数量进行结合这一主张来说，最强有力的证据便是谷

---

❶ 根据 Patentics Smart Client 数据库查询，下表是谷歌和苹果公司在 2015 年和 2017 年期末时的累积美国专利持有量：

单位：件

公司名称	2014 年（期中时美国专利的数量）	2015 年（期末时美国专利的数量）	2017 年（期末时美国专利的数量）
谷歌	5173	8773	12276
苹果公司	8679	12489	16358

原作者在原文中认为谷歌和苹果公司 2012～2013 年美国专利的年度增长率分别为 90.3% 和 56.3%，如果这样的增长率能持续下去，谷歌到 2015 年将成为获得美国专利最多的企业，苹果公司到 2017 年将成为美国专利第二大的获得者，并且它们都将保持这种地位直到这个十年结束。

但事实上，按照查询到的 2015 年和 2017 年的数据来说，谷歌从 2014 年中到 2015 年末的增长率只有 69.6%，而苹果公司的美国专利持有量从 2014 年中的 8679 件增加到 2017 年末的 16358 件，年度增长率仅为 29.5%。这些数据说明谷歌和苹果公司在美国专利的数量增长上并未达到原作者的预期。而从排名来看，谷歌和苹果公司的排名也并未达到原作者预期。根据美国专利和商标局的专利数据库显示，谷歌在 2015 年美国专利授权量的排名在第五位，苹果公司在第 11 位。根据专利分析公司 IFI Claims Patents Services 的数据显示，2017 年美国专利授权量的排名中谷歌公司排名第七位，苹果公司排名第 11 位。

特别说明：美国专利商标局的专利数据库仅显示到 2015 年的排名，2017 年的排名是译者根据专利分析公司 IFI Claims Patents Services 的数据查询到的。——译者注。

歌以及苹果公司同时加强了专利质量，即在它们提升专利数量的同一时间段加强了专利质量。表2-10清楚地描述了这一点。质量排名直接来源于美国电气和电子工程师协会相应年份的专利实力计分表，对数量的测量来源于美国专利商标局的专利数据库，通过关联专利权人的姓名以及相应时间范畴进行整理得来。❶

表2-10 谷歌和苹果公司专利组合的质量和数量情况

公司	衡量	2010	2011	2012	2013	2014-01-01 至 2014-06-30
谷歌	质量（在 ICT 企业中的排名）	不在名单上	#15	#3	#1	—
谷歌	数量（期末时美国专利的数量/件）	560	987	2156	4029	5173
谷歌	数量（期末时在整个专利组合中的占比）	10.83%	19.08%	41.67%	77.88%	100.00%
谷歌	数量（在这一时期的增长量/件）	372	427	1169	1873	1144
谷歌	数量（在这一时期获取的专利在整个专利组合中的占比）	7.19%	8.25%	22.60%	36.21%	22.11%
谷歌	数量（在整个专利组合中的占比累积）	7.19%	15.44%	38.04%	74.25%	96.36%
苹果公司	质量（在 ICT 企业中的排名）	#55	#8	#12	#2	—
苹果公司	数量（期末时美国专利的数量/件）	3578	4383	5673	7757	8679
苹果公司	数量（期末时在整个专利组合中的占比）	41.23%	50.51%	65.37%	89.38%	100.00%
苹果公司	数量（在这一时期的增长量/件）	724	805	1290	2084	922
苹果公司	数量（在这一时期获取的专利在整个专利组合中的占比）	8.34%	9.28%	14.86%	24.01%	10.62%

---

❶ 例如，通过给予美国专利商标局数据库这样的指令"AN/Google AND ISD/1/1/1990 - >12/31/2011"，结果将会显示1990~2011年，包含1990年和2011年在内，授权给谷歌作为专利权人的美国专利的总数量。因为谷歌是在1998年成立的，所有这一指令的结果将会列出从该公司存在直到2011年12月31日期间以谷歌名义被授权的所有专利。

公司	衡量	2010	2011	2012	2013	2014 - 01 - 01 至 2014 - 06 - 30
苹果公司	数量（在整个专利组合中的占比累积）	8.34%	17.62%	32.48%	56.49%	67.05%

表 2-10 表明谷歌和苹果公司在 2010 年至 2014 年中期都加大了其专利努力。在这段时间内，每家企业在其专利组合中获得了大量美国专利。对苹果公司来说，所有美国专利中的 67.05% 都是在这一段时间内获得授权的；对谷歌来说，这一比例为 96.36%，令人惊讶。尽管谷歌自 1998 年以来已经存在，并在 2003 年获得了其第一件专利，但超过 96% 的美国专利是在过去 5 年被授权的。

在同一个时期，谷歌的"专利质量"也在上升，从甚至不在 160 家 ICT 企业的名单中，直到在《美国电气和电子工程师协会会刊》发布的年度专利实力评鉴中的 ICT 企业目录下和所有企业目录下都排名第一。同样地，苹果公司的"专利质量"也在上升，从 ICT 企业中排名第 55 位直到在 ICT 企业目录下和所有企业目录下都排名第二。因此，这些公司在同一个时期，即 2010 年至 2014 年中期，成功地完成了专利质量和专利数量的同时增长。

（4）对战略的总结

所有这三个战略都是可行的，都可以为企业所用。由于成本以及商业需要的原因，较小以及较新的企业倾向于在开始时重点关注质量，随后关注数量。至少一些较大的企业会首先关注数量而不是质量，但也有一些企业，尤其是谷歌和苹果公司，成功地在同一个时期发展了质量和数量。

谷歌和苹果公司是如何达到这一平衡的，而其他企业却没有达到？它们有什么东西是其他企业所缺失的？

优秀的管理？

优秀的工程师以及其他技术人员？

优秀的主题？

优秀的创新机会，在它们的市场领域？

市场中的优秀定位？

答案是不确定的。我们能说的只是质量和数量都不可能被忽视。

将众多构想变成专利，以及/或者购买许多不考虑质量的专利都是不明智的，原因有 3 个。第一，任何企业或新的业务线的开始时期❶可能都是最基础发明出现的时期。如果这是真的，那么至少用来保护这些基础发明的一些专利必须是高质量专利。第二，以最广泛的范围来撰写专利的权利要求是在发明最开始的时候——当然不是在后来，在其他发明和其他专利已经限制了可能成为权利要求的范围之后。第三，一个拥有数量但几乎没有质量的专利组合就是一种虚假现象。如果这种虚假现象被发现，并且有可能在某一点会被发现，那么专利组合的整体价值一定会陡然下降。❷

另一方面，仅仅关注一些高质量的专利就太天真了。对许多人来说，专利的数量之大是令人印象深刻的，并将对市场产生一定影响。无论令人印象深刻的原因是帕克莫维斯基和瓦格纳所说的规模增加还是多样性增加，抑或因为其他别的原因，单家企业和市场确实坚信数量是专利组合价值的一种衡量标准。

不管专利组合是如何组成的，随着时间推移，只有在专利组合内部达到了质量和数量的平衡，均衡才能达到。

4. 企业内专利组合的发展

a. 简介

在企业内发展专利组合需要什么？这里的"发展"这个词并不意味着所有的专利必须以企业内部构想为基础进行创建，而是说专利组合必须通过企业内部的构想或者通过购买其他的专利，或者通过两者来获得。这里的"企业内部"并不一定意味着专利必须由企业的全职员工来撰写——这是一种方法，但企业可能更喜欢利用外部的专利专业人员（专利律师或专利代理师）来撰写，或者同时利用企业员工以及外部的专利专业人员来撰写专利。而问题是，需要什么样的使命，什么样的资源以及什么样的职能来构建并执行一个专利组合发展计划？第二章的这一部分主要依赖于笔者在过去 20 多年中为许多大公

---

❶ 对整个企业来说确实如此的事情，对企业内部的一条新的业务线来说也一定是如此。当一家企业——即便是一家成熟的企业——基于创新，特别是基于技术创新而开始一项新的业务，专利的质量对建立这项业务来说是至关重要的。无论企业是运用模式 2（产品先于专利）或者模式 3（专利先于或与产品同时），这一点都是成立的。

❷ 在媒体和广告界有一个常用语——"感知就是现实"。这个常用语常常是被用来冷嘲热讽，笔者宁愿用著名的林肯总统的陈述来解释："你可以一直欺骗一些人，也可以在一定时间内欺骗所有人，但你不可能一直欺骗所有人。"迟早有一天，一个没有潜在质量的专利组合将会被发现它本来的样子。这将会为专利组合的所有者带来问题。

司以及小公司管理专利组合的经验。

b. 企业内一项成功的专利项目所需的要素❶

（1）使命——战略与激励

高层管理者的"清晰并容易理解的使命"是非常关键的。确实，没有这样的使命，不应该开展任何项目——没有这样使命而进行的任何努力都可能是时间和金钱的浪费，令人沮丧。

战略

关于"清晰的使命"，笔者的意思是高层管理者设置一种企业战略。这个企业战略中的一部分包含了专利战略，并且设定了资源和人员的预算用以实施这一专利战略（预算是下面第三章的内容）。不需要管理层来监督日常活动——有些高层管理会做这些，但有些其他企业的高层管理可能不会做这些，这可能是和企业的性质、规模以及年限有关。确切地说，高级经理们并不需要审查具体的发明构想，但必须对应该成为公司专利目标的技术和产品有明确的指示。

激励

关于"容易理解的使命"，笔者的意思是企业中的每个人都应该理解：第一，专利是公司宗旨中必需的一部分；第二，企业为了追求这一宗旨对专利活动是认可的，并有所奖励。许多不同的方法可以使这个使命变得容易理解。

一些企业会向产品组或新来的员工作关于专利和知识产权的报告。这类报告总体上增强了对专利的意识，尤其是解释了专利对企业的重要性，并承诺为开展发明创造并将发明创造申请专利的员工提高认同度或给予补偿。

有些企业向提交发明以申请专利的员工提供各种类型的非物质奖励，例如与高级经理进行会面、给予独立研究的机会。

有些企业将参与专利工作作为员工年度表现考核的一部分，为企业内的报酬和晋升提供潜在的、正面或负面的暗示。

---

❶　关于成功专利项目所需要素的这些想法主要是基于笔者在过去20年中在通信产业为许多大小企业管理专利组合所总结的经验。笔者也采用来自本书其中一位评论家伊莱·雅各比（Eli Jacobi）的建议和意见。伊莱·雅各比已经帮助了 Amdocs 公司、Comverse Network Systems 公司、IBM 以及西门子公司完成了专利项目的创建或者管理工作。最后，笔者还要感谢沃德·H. 克拉森（Ward H. Classen）在 2014 年 6 月 24 日的演讲，题目为《创建一个知识产权项目：最初的步骤》（*Creating An Intellectual Property Program：The Initial Steps*）。这一展示是由 Innography 公司以网络研讨会的形式提供的，Innography 公司是一家知识产权咨询公司，并且生产软件用来分析专利组合。这一展示可以通过 http：// go. innography. com/Webinar – Downloads – The – Practitioners – Guide – to – Creating – an – Interllectual – Property – Program. html 获取（最后一次浏览在 2014 年 11 月 15 日）。

有些企业向在企业里获得发明专利权的员工提供资金奖励。这些奖励可能和具体的事件相关联，例如：①提交一项可以申请专利的发明以供评估；②认可这项发明可以进行专利申请；③为该项发明提交专利申请；④专利授权。通常每个阶段的奖励在几百美元到几千美元不等，但还有少数企业以该专利最终产生的货币效益为基础进行额外的奖励。

有些企业在产品小组之间设定了竞争，以便了解哪个小组可以提交最多可以形成专利的构想或者最成型的发明。在一家企业的环境中，小组之间经常为了资源而争斗。这可能也是小组之间的另一种形式的竞争。

在某些企业，一些技术人员的提升加速或减缓是以为企业的专利作了什么活动为基础的。

不管企业选择什么方式来表明其使命，对工程师和技术经理们的衡量必须以他们对专利项目的贡献为基础，并对他们参与专利项目提供奖励。一个专利项目是否将会成功，取决于：①对专利活动给予了特定的关注；②对为专利项目的成功作出关键性贡献的人们提供了激励。❶

（2）成功的标准

必须创立标准用以衡量成功。标准将至少包含专利和专利申请的质量和数量，包括随时间变化的情况、地理区域以及对关键产品和技术的覆盖。对数量的衡量是相对明确的，必须根据特定产品、技术、地理以及时间设定。

对质量的衡量可能包含两种基本方法。第一个衡量质量的基本方法是让专利专家阅读并评价专利申请或专利。❷ 这一评价应该最少包含对每件专利申请的评审，审查在 ICT 专利中最常犯的错误。❸ 为了确保未决申请的质量，由专利专家进行评价的环节是不能被代替的——这是个关键并且不可或缺的步骤。

第二个衡量质量的基本方法是运用一些标准以及运算法则为专利生成一个

---

❶ 在绝大多数的科技公司中，专利并不是主要的业务活动，并且不会成为主导公司日程的事项。对于这些企业来说，专利的成功取决于沿着这里建议的路线创建并实施一个项目。相反，还有一些企业，专利是如此的重要以至于不需要进行一项单独特别的项目。例如，对专利整合者（包括侵略型以及防御型专利整合者）以及专利池管理机构来说，确实是这样。对这类型企业来说，专利就是整个业务，因此，一项"特别的"项目就变成了一种自相矛盾的说法，因为在这样的公司，一个专利项目可能并不"特别"。然而，对所有企业来说，一般的原则是成立的——被承认并奖励的活动将会受到欢迎，而被企业忽视的活动也将会被员工忽视。

❷ 在《专利的真正价值》一书中，这一方法——由一位专利专家评审的方法——被称为"专家基本分析"或者"EFA"。在《专利的真正价值》一书的第 2 章，第 7 章以及第 8 章进行了详细的解释。

❸ 在笔者之前的《攻坚专利：避免最常见的专利错误》一书中，利用案例对 ICT 专利中最常见的错误进行了判断和解释。一旦清楚地了解了这些最常见的错误，在起草专利申请时，这些最常见的错误可以被识别出来，进而被删除或被修正，产生出正如题目所说的，与达到"攻坚专利"最接近的专利成果。

数字形式的分值。❶ 得出的分值有时候被称为"专利度量"。一家企业想要评价其专利，可以寻求提供评价服务的商业供应商，❷ 或者创建自己的评价系统。❸ 当许多专利项目——数百件甚至上千件——必须在短期内被评价的时候，自动评价系统可能是很关键的。自动评价系统的详细信息不属于本书的讨论范围。❹

（3）专利决策者

必须有一些决策者来评价发明构想，并从中筛选可以进行专利活动的构想。这些人可能被称为"专利委员会"或"专利评价委员会"。这些人中至少包含 3 种类型的专家，并且可能需要更多类型：应该有一位高级技术人员——可能是一位研发经理，也可能是工程副总裁，也可能是一位为了此次任务专门聘请来的外部专家；应该有一位专利方面的专家——这个人可能是一位律师、一位专利代理人、一位专利经理或一位外部的顾问，但再次强调，这是一个在专利的关键功能和专利组合管理中具有专门知识的人；应该有一个来自营销部门或业务开发部门的人。这类专利知识有时候会被忽视，但依笔者之见，这是一个错误。专利是技术、法律和业务的联合——所有这 3 个功能都应该体现在

---

❶　这一方法——自动计分的方法——也被称为"机器基本分析"或者"PFA"，在《专利的真正价值》一书的第 2 章、第 7 章以及第 8 章进行了详细的解释。

❷　有许多公司都可以提供专利的自动评价服务。这些公司包括，例如，Innography 公司、IPVision 公司、OceanTomo 公司、PatentRatings International 公司以及 Perception Partners 公司等。也有一些特殊的评价公司，为特定的产业提供评价服务，例如之前提到 Totaro&Associates 公司专门为风能产业提供服务。

❸　一家企业怎样创建自己的评价系统呢？可能的状况是利用别人已经创建的系统。例如，《美国电气和电子工程师协会会刊》用来创建其专利实力排行榜的运算法则就是公开的，可以被任何人使用。因此对一家企业来说，可能的做法就是基于《美国电气和电子工程师协会会刊》的这个系统选择自己的指标，对每个指标赋予一个适当的权重，并由此生成分值。企业用来评估专利最常使用的 15 个最重要的指标在《专利的真正价值》一书的第 2 章，特别是第 66～70 页，以及第 7 章，尤其是第 307～319 页进行了整理并评价。

❹　在自动评价方式中可以使用很多的指标。例如，在提交专利申请之前，相关的因素可以包含申请的时长、权利要求的数量、独立权利要求的数量、后向引用的数量以及其他因素。例如，在提交专利申请之后和专利被授权之前，相关的因素可以包含审查的时长、美国专利商标局审查决定书的数量、来自专利审查委员的特定异议或拒绝以及其他因素。例如，在专利被授权之后，相关的因素可以包括来自外部的挑战、专利产生的收益、诉讼、前向引用的数量以及其他因素。笔者之前的《专利的真正价值》一书评价了 15 个最重要的因素，但在自动评价系统中，有可能可以利用 120 个甚至更多的因素作为评价指标。例如，可以参考文章《专利评估：构建工具从专利数据中提取并揭露专利信息以及价值》（*Patent Evaluation：Building The Tools to Extract and Unveil Intelligence and Value from Patent Data*），雷诺德·加拉特（Renoud Garat），Questel 公司的知识产权商业智能分析师，发表于国际许可贸易工作者协会莫斯科会议，2014 年 5 月，展示幻灯片第 19 页。专利项目的自动评价是一个非常复杂并且有趣的话题，值得专门为此写一本书，但这一话题也超出了本书的讨论范围。

评价和筛选可以进行专利构想的这些人当中。❶

这个委员会有 3 个主要的功能。第一，它创造了专利项目。这意味着它创造了记录发明构想所需的形式，创造了评价发明构想的标准，并且从一开始就要和专利经理或内部法律顾问一起工作。

第二，它制订计划用以产生可以形成专利的发明构想。这一计划将包含每个时间段所要提交专利申请数量的特定目标，也将包含重点覆盖的区域（可能是特定的技术，或产品，或来自特定产品组别的构想）。这一计划应该包含在企业内部推广专利项目的活动。在某些情况下，委员会中的成员自己就可以帮忙执行这一推广任务，可能是通过与产品组对话，也可能是通过一个"专利入门"活动的开发来解释公司专利项目的关键方面。推广对于项目的成功来说是非常重要的。在许多企业中，特别是在那些专利项目刚刚启动的企业中，许多工程师不会主动来提交构想——专利活动必须被解释，通常要被多次解释，专利经理必须在征集发明构想中表现得非常积极。该计划可能也要包含对提交发明构想、提交专利申请以及获得专利的奖励激励。许多企业给予财物奖励。还有一些企业给予非财物奖励，例如提交发明的机会、与高级经理研讨的机会以及其他奖励。❷

第三，委员会评价提交上来的发明构想，并为了后续工作进行筛选。后续的工作可能包含事前技术调研、可行性研究或者开始为专利申请作准备。在有些情况下，委员会可能通过要求并接受所需的额外信息而与发明者进行互动。

（4）驱动者

必须有人能作为负责人来驱动专利工作的继续进行。笔者将这个人称为"专利项目传播者"。这个人的正式头衔可能是"知识产权副总裁"或者"法律顾问总助理"（或者可能是专利导向型企业的法律总顾问）或"专利经理"。这个人可能是一位专利专家，例如专利律师或专利代理师。这并不是必需的，但在

---

❶ 有些企业会有来自产品部门的代表服务于专利决策群体。这并不是强制的，取决于企业的偏好。一方面，来自关键技术群体的高级代表很可能将增强专利职能的声望，并且可能会鼓励人们提交构想作为企业正在进行的业务的一部分。另一方面，高级经理的时间是非常有限的，将他们包含在这类型群体中可能产生政治紧张气氛。一个可替换的方法就是在这个群体中包含一些低级别的代表，这也可能是个有缺陷的想法——将产生较大群体中的官僚主义以及紧张气氛，而失去了由高级技术经理带来的声望。

❷ 企业应该提供多少钱作为激励？有些企业奖励 1000 美元，其中一部分可能是为了奖励提交构想，一部分是为了奖励提交申请，还有一部分是为了奖励获得了授权。少于 500 美元的金额可能是毫无意义的。非金钱的奖励可能也包含参加颁奖晚宴、与研发副总裁共进午餐、在公司通信中进行通报奖励、加入创新开发组，以及在某些特殊的情况下，有机会基于可以形成专利的发明创建业务线或者产品线。另外，绩效评估和提拔可能也会依赖，至少会部分依赖于在公司内部参与创新的情况。这是一项大的、重要的话题，但并不属于本书所讨论的范围。

大多数情况下，如果企业内部存在大量的实际专利草案的话，这是更好的选择。

专利驱动者有 4 项主要的任务：

第一，与专利决策者在所有活动中进行合作。

第二，与企业内部的项目领导会面，了解项目发展的最新情况，并且明确潜在专利活动的领域。

第三，在企业内与发明者一起工作。这是一个不间断并且耗时的任务，是专利经理工作的精髓。专利驱动者可能将是在企业内部对不同员工群体作关于专利的演讲的那个人。他或她将向发明者解释专利表格，和他们一起坐下来，贯彻思想，并解释公司的专利政策。专利驱动者可以回答关于专利表格的问题，甚至帮助他们填写表格，但发明者有责任记录他们的发明。

第四，与外部的顾问——或如果企业选择内部律师的话，与企业的内部律师——一起撰写并提交申请。专利申请的实际起草工作并不是专利驱动者的主要任务，但他们也可能执行这一任务——如果专利驱动者也是一位专利专家，并且公司打算这么做的话。如果专利驱动者并不撰写专利申请——这种模式更加普遍——他或她仍然必须密切参与专利顾问的选择。这个决策可能由专利驱动者或者专利委员会作出，但是必须至少要咨询一下专利驱动者，因为选择起草并履行申请的人员是项目成功中至关重要的一部分。

（5）问题

在专利项目的实施过程中会出现许多不同的问题。发明者会出现问题——没有记录的发明构想、一个发明群体内部的紧张关系、关于谁是一件特定专利的"发明者"存在的不同意见、发明构想的过早披露等。决策制定者们常常也出现问题。专利委员会成员的招募可能会很难，成员们可能不将足够的时间分给任务，他们特定的日程可能并不能与专利项目完美匹配等。通常来说，发明构想的提交需要产品组领导的同意——他们可能同意，也可能不同意。简而言之，这是一个复杂的过程，但如果给予适当的关注、资源以及时间的话，还是可以成功的。

（6）时间框架

从头开始的话，需要多长时间来创造一个成功的专利项目？在很大程度上，这依赖于企业的规模和年限、技术的重要性以及资源的水平。高级经理的使命和专利战略的产生是企业规划过程的一部分，实际上在时间上早于专利项目的开始时间。组建专利委员会或找到专利驱动者可能会花费几个星期或几个月，取决于使用的准则以及努力的强度。项目启动的工作——获得委托之后的成功标准，对记录发明构想所需的形式的制定以及对推广材料的制定——也应该需要几周。在教育上需要作出的努力是个主要的变量。在小企业，这一过程可能很快；在大企业，这一过程可能需要几周到几个月。如果企业相对较大，相对成熟，并且并不是专利导向型企业，那么企业的文化心态必须要改变，这可能需要几年持续的努力。征集构想、筛选然后撰写并实施专利申请，将持续几年的时间，这可能会与教育努力同时进行。

基于笔者自身的经验，在相对较小的企业里，如果有大量的研发工作、高层管理的使命和足够的资源分配，那么在 6 ~ 12 个月可以完成很大的进步。对于从头开始的大企业来说，一年之内可以有进步，但充分的发展可能需要 3 ~ 5 年。如果企业文化取向必须要变的话，现实一点的时间估计至少要 5 年，可能会更长。

小　结

第二章是关于卓越专利组合的创造。企业通常追求三种基本模式：当发明构想产生时进行专利活动（模式 1）；开发专利组合来支持研发或产品（模式 2）；为了以技术和专利为基础产生业务非常积极地进行专利活动，要么早于研发之前，要么与研发同时进行（模式 3）。

一个卓越专利组合的开发需要好的发明构想、好的专利，以及不同类型的专利和不同类型的权利要求之间的恰当平衡。好的构想来源之一就是技术拐点，本章中提到了几个例子。

几乎在每个专利组合中都存在两个经典问题：是否从内部创建专利抑或购买专利，以及是否将最初努力的重点放在少量高质量专利上或者大量质量没那么高的专利上。有些企业已经成功地在质量和数量之间创造了一种平衡，但这是一个艰巨的任务。

最后，第二章的结尾讨论了企业内部专利项目的结构和职能。在第三章，我们将讨论一项卓越专利组合的开发预算问题。

第三章
什么是创造卓越专利组合的成本？

为了创造一个卓越专利组合而进行预算时，需要企业回答两个问题——"企业应该在专利活动上投资多少钱"以及"企业需要从专利活动中获得什么样的结果"。第三章为回答这些问题提供了4种方法。

根据第一种方法，企业分配一定的预算给专利活动，一般都是以企业认为可以用于此项活动的资源为基础。在某些情况下，预算是按照年度研发投资的一定百分比或者年收入的一定百分比来决定的。这一方法，笔者称为"自上而下的预算"，可能是专利活动预算中最常使用的方法了。

第二种方法，笔者称为"自下而上的预算"。在某些国家，企业首先决定所需专利项目（包括专利以及专利申请）的数量，然后对获取这么大数量的专利项目所需要开支进行预算。这一方法基于对专利保护的已知需求。这一需求有意或无意地通过企业对其技术领域的感知、技术的现状以及企业的性质（企业研发导向的相对程度）来决定。企业选择专利战略的性质——相对防御型或相对侵略型——将对该方法产生巨大影响。第二种方法也常常被使用。

专利预算的第三种方法首先观察企业的竞争者们正在做什么。这一方法，笔者称为"竞争性的预算方法"。这一方法可能首先对成本（相比竞争者们，企业正在投资的、打算在专利上投资的金额）进行预算，或者首先对专利项目（相比竞争者们的专利活动，企业需要的专利数量）进行预算。为了解释专利活动的竞争性预算方法，在第三章中将分析两个产业——防火墙产业以及电子签名产业。

专利预算的第四种方法是前面提到的方法中任意两种或者全部3种方法的结合。笔者将这第四种方法称为"混合预算"。实际上，非常少的企业（如果有的话）将会纯粹地应用前面3种方法中的任何一种。两种纯粹的形式——仅仅关注成本而不考虑结果或竞争地位（纯粹的自上而下），以及仅仅关注结果而不考虑成本或者竞争地位（纯粹的自下而上）——在理论上是可能的，但基本上不会被采用。因为即使非常强调成本（自上而下），可能至少也要包含一些对可能成果的评价，即便非常强调结果（自下而上），几乎也一定会包含一些对成本的审核。纯粹的竞争性预算逻辑上是不可能的，因为一定存在与竞争者专利成本或竞争者专利成果或者竞争者的成本以及成果的比较。因此，混合预算，以其众多形式中的一种，成为几乎所有企业都会选择的方法，但特定企业仍然会相对来说更重视成本（以自上而下为主的混合预算），或者更加重视结果（以自下而上为主的混合预算），或者更加重视竞争地位（以竞争性预算为主的混合预算）。

　　简而言之，无论选择哪种预算方法，最终企业几乎一定会努力平衡成本、结果、可能还有竞争地位之间的关系。达到平衡的过程是一个相互作用的过程，第三章对这一过程进行了解释。

　　最后，在"小结"中以表格形式展示了对这 4 种方法的总结。企业可能通过这 4 种方法进行预算，进而创造一个卓越的专利组合。

1. 自上而下的预算：锁定成本

　　第一种方法"自上而下的预算"就是首先决定公司将在专利上投资多少资源。对于一家财务非常紧张的公司来说，专利的预算可能就是简单的、公司感觉能负担得起的金额。然而，在许多情况下，公司会将自己和某种一般基准相比，并且按照那个水平分配资源。在前三种常用的专利预算方法中（自上而下、自下而上以及竞争性预算），自上而下的方法可能是最不科学的，但事实上却是使用最频繁的方法，特别是在注重省成本的公司中。

　　对于一家一般的技术企业来说，投资水平有任何的导向或者基准吗？据我所知，没有普遍接受的标准，但是存在有力证据显示整个经济中，专利投资额相当于研发（R&D）投资额的 1%，因此研发投资额的 1% 成为一个可能会被用到的一般基准。❶

　　有什么证据能支持这一比率——相当于研发投资额的 1% 投资于专利？没有什么方法能得出恰好是 1%，而不是其他比率，但是有 4 项分析能给予这一比率强有力的支持。

---

　　❶ 为了达到此目标，"专利投资额"意味着包含了准备、提交并审查申请以形成授权专利的成本，再加上维护已授权专利的成本。这一金额并没有包含任何专利诉讼，或者专利侵权损害赔偿，或者专利权许可所支付的许可费，或者购买专利所支付的金额等成本。从整个经济的数量级来说，诉讼加上侵权损害赔偿的成本可能是专利投资额的两倍之多，专利商业支出——许可费或者专利权销售——可能和专利投资额基本相当。因此，有可能每年在获取并维持专利上的投资额不会超过一年在专利活动上总投资额的 25%。对专利组合进行投资是本书要讨论的唯一的专利活动。诉讼成本和专利商业支出成本都不会在本书中进行讨论。

a. 第一项分析

可以直接对比美国总的年度研发投资和美国原产专利和专利申请的年度总成本。❶

巴特尔纪念研究所（Battelle Memorial Institute）是一所私人、非营利、应用科技开发公司。最近几年，它发布了一项名为"全球研发资金预测"（2014 Global R&D Fundiag Forcast）的年度报告。它们 2014 年的预测包含了 2012 年及 2013 年的历史信息。在 2013 年，美国总的研发花费为 4500 亿美元，2012 年为 4470 亿美元。❷

在美国原产专利上的总投资是多少？成本要素包含下列几项：

①律师和专业的起草人准备专利申请的专业费用。

②支付给美国专利商标局的申请费。

③回应美国专利商标局审查决定书所需的律师费。

④对授权专利支付给美国专利商标局的发证费。

⑤从授权开始在第 3.5 年、第 7.5 年和第 11.5 年支付的维持费。

（1）律师费根据类型和申请的复杂程度有所不同。但笔者认为，预计每项申请的律师费在 9000～15000 美元是非常合理的。这在很大程度上取决于专利的技术领域和发明的复杂性。❸ 笔者将假定准备申请的律师费平均成本为 12000 美元。起草费预计为每页 80～100 美元，平均来说总共 400～500 美元，笔者假定为 500 美元。❹ 因此，包含律师费和起草费在内的准备申请的总专业费用将达到 12500 美元。

美国专利商标局将专利和专利申请按照美国原产和非美国原产来分类，统计数据包含 1963～2012 年的数据。在 2012 年有 268782 件美国原产的专利申

---

❶ 将美国的研发额和美国以外产生的专利进行比较是毫无意义的。为此，正确的是将美国的研发额与仅仅是美国原产的专利项目进行比较。

❷ Battelle Memorial Institute. 2014 Global R&D Funding Forecast［EB/OL］.（2014－11－15）. http：//www. rdmag. com/sites/rdmag. com/files/gff－2014－5_7%20875x10_0. pdf. 特定的研发额的数据请参考文章第 7 页。

❸ QUINN G. The Cost of Obtaining A Patent in The U. S.［EB/OL］.［2011－01－28］（2014－11－15）. http：//www. ipwatchdog. com/2011/01/28/the－cost－of－obtaining－patent/id＝14668/. 文中举例列出了 27 种类型的专利，专利申请律师费的范围从收 5000 美元的最简单的发明，例如衣架，到收超过 15000 美元的最复杂的发明，例如电信网络，都有。对于本书重点关注的 ICT 专利来说，笔者认为合理的范围是在 9000～15000 美元。

❹ 脚注③中所提及的 QUINN 认为与消费电子产品或机械工具相关的专利申请的起草费为 400 美元，对于互联网上的计算机方法的专利申请来说，起草费为 500 美元。鉴于这一文章是 2011 年的文章，考虑到从那时起到现在的通货膨胀问题，笔者认为 500 美元的起草费在 2014 年是更加合理的估计金额。

请。按照 12500 美元的平均成本来算，这意味着美国原产的 268782 件专利申请乘以每件申请 12500 美元的成本得出总投资为 33.60 亿美元。这仅仅是 2012 年美国原产专利申请准备的专业费用。

（2）申请费随时间变化发生了变化。尽管 2014 年的费用为 1600 美元，❶ 2012 年申请费用在 1250～1260 美元变化。笔者将假定 268782 件美国原产申请中每件的申请费都是 1250 美元。这意味着 2012 年美国原产专利所支付的总申请费为 268782 件申请乘以每件申请 1250 美元，总额为 3.36 亿美元。

（3）为回应美国专利商标局审查决定书所需的律师费随着审查决定书的类型和复杂程度而区别很大。对于复杂的决定书来说，费用可能为 5000 美元或者更高，但是一般来说金额比那个少得多，笔者在这里将假定对于每项审查决定书来说，律师费用为 2500 美元。❷ 2012 年大约有针对发明专利申请的 54 万件第一次审查决定书。❸ 这些并没有根据美国原产或非美国原产来分类，但我们合理假设有大约 51.5% 的美国原产专利❹，所以假定有 278100 件这样的审查决定书。❺ 因此总成本估计为 6.95 亿美元。

（4）尽管发证费现在为 960 美元❻，但 2012 年费用为 1740～1770 美元。

---

❶ 对普通企业来说，2014 年专利申请费为 1600 美元，但对于"小企业"来说仅仅需要 800 美元的申请费（普通企业申请费的 50%），对于"微型实体"来说仅仅需要 400 美元的申请费（普通企业申请费的 25%）。这里说的"申请费"，笔者是指提交一件专利申请时所必须支付的所有费用的总和，其中包括了"基本申请费——发明""发明检索费"以及"发明审查费"。美国专利商标局在其官方网站 http：//www.uspto.gov/web/offices/ac/qs/ope/fee010114.htm 列出了其目前申请费用的标准。将企业划分为"小企业"或者"微型实体"的准则有一点复杂，超出了这本书所讨论的范围，但可以通过 http：//www.uspto.gov/web/offices/pac/mpep/mpep－9020－appx－r.html#ar_d1fc9c_19092_1c8 查看划分的标准，其中，第 1.27 条规定是关于"小企业"的，第 1.29 条规定是关于"微型实体"的。

❷ 这是笔者的个人估计。

❸ 《美国专利商标局 2012 年会计年度业绩和问责报告》（*USPTO Performance and Accountability Report Fiscal Year* 2012），第 26 页，图 11 顶部，可以通过 http：//uspto.gov/about/stratplan/ar/USPTO-FY2012PAR.pdf 获取，第 175 页，表 1（最后一次浏览在 2014 年 11 月 15 日）。

❹ 在 2003～2012 年的 10 年期间，大约有 48.5% 的美国专利申请是来源于国外的，51.5% 的专利申请是美国原产的。《1963～2013 历年的美国专利统计图》（*U. S. Patent Statistics Chart Calendar Years* 1963—2013），可以通过 http：//uspto.gov/web/offices/ac/ido/oeip/taf/us_stat.htm 获取（最后一次浏览在 2014 年 11 月 15 日）。

❺ 一个更加精准的估计应该不仅仅包含第一次审查决定书，而是还应该包含后续的审查决定书。根据美国专利商标局 2012 年的报告，上面已经引用过的，第 26 页，图 11 顶部，在最后决定对专利授权或者放弃之前有 2.5 次的审查决定书。对于第二次以及后续的审查决定书，笔者没有统计数据，也没有合理的方法来估计。但笔者第一点要说的是，在美国专利商标局的报告中，美国专利商标局极度重要地强调了第一次审查决定书，这意味着第一次审查决定书融汇了大部分的努力和成本；笔者第二点要说的是，在下面基于美国专利商标局总成本的进一步分析中，将审查决定书划分为"第一次"或者"第二次"是无关紧要的。

❻ 再次强调，发证费有针对普通公司的。小企业的费用会比普通公司降低 50%，微型实体的费用会比普通公司降低 75%。

笔者假定 2012 年的平均发证费为 1750 美元。根据美国专利商标局的统计，2012 年共授权 121026 件美国原产专利。❶ 因此，2012 年美国原产专利的总发证费为 2.12 亿美元。

（5）为了估算 2012 年为美国原产专利所支付的总维持费用，需要注意在 2000 年授权的此类专利为 85068 件，2004 年为 84270 件，2008 年为 77502 件。然而，这些年份的专利维持率分别为大约 70%、93% 和 96%。❷ 在 2012 年末，续展的费用为第 4 年 1150 美元，第 8 年 2900 美元，第 12 年 4810 美元。❸ 因此，估计 2012 年美国发明专利续展所支付的总费用为 5.99 亿美元。

让我们总结一下这些结果，如表 3 - 1 所示。

表 3 - 1　2012 年美国原产专利研发与成本对比情况

成本的性质	预估投资额/亿美元
1. 申请准备的专业费用	33.60
2. 申请费	3.36
3. 为回应审查决定书所需的律师费	6.95
4. 发证费	2.12
5. 维持费	5.99
总成本	52.02
2012 年美国的研发总投资	4470
专利投资/研发总投资	1.16%❹

---

❶ U. S. Patent Statistics Chart Calendar Years 1963 - 2013.

❷ CROUCH D. How Many US Patents Were In - Force? ［EB/OL］. （2012 - 05 - 04）［2014 - 11 - 15］. http：//patentlyo. com/patent/2012/05/how - many - us - patents - are - in - force. html. 从这一博客评论的表格中，笔者估计出了专利维持率。笔者不能将维持率在美国原产专利和非美国原产专利之间作出区分，所以笔者假定普遍的维持率也适用于美国原产专利。

❸ 专利续展费现在要高得多，但我们的估计是针对 2012 年的。同样，再次强调这里所列的维持费是针对普通企业的，对小企业来说，费用降低 50%；对微型实体来说，费用降低 75%。

❹ 如果所有在美国的专利和专利申请都完全属于"微型实体"，那么美国专利商标局的所有费用——申请、授权以及维持的费用——将降低 75%，那么"专利投资/研发总投资"这一比率将从 1.16% 降低至 0.97%。当然，这一假设是荒谬的，但事实是，有一些专利项目确实是由小企业或微型实体提交并审查的，所以表 3 - 1 中的真实的比率应该有些下降，范围为 0.97% ~ 1.16%。小型的和微型实体的影响无论如何对整体的结论是没有影响的。另外，"微型实体"的身份仅仅在 2013 年才开始出现，所以无论如何对表 3 - 1 中 2012 年的数据是没有影响的。另外，在 2009 ~ 2013 年的 5 年期间，授权给"小企业"的美国原产专利的比重每年始终都为 28% ~29%，美国专利商标局《2013 年会计年度业绩和问责报告》，可以通过 http：//uspto. gov/about/stratplan/ar/USPTOFY2012PAR. pdf 获取，参考第 198 页，表 11。如果将支付给美国专利商标局的所有费用降低 15%（意味着每个项目的费用降低 50% ×30% 的项目授权给小企业），总的效果是最后的专利投资占据研发总投资的比率将从 1.16% 降至 1.13%，再次强调，总的结论根本没有受到影响。

b. 第二项分析

这是第一项分析的一个变化。第一种和第三种的专业费用仍然同上。然后，其他支付给美国专利商标局（USPTO）的费用将按照同一组来计算。在2012年，美国专利商标局（USPTO）总共收入24.271亿美元，其中的89.8%，或者说21.795亿美元的收益来源于专利。官方收益并没有按照美国原产或非美国原产专利项目进行分类，但我们仍然使用51.5%作为美国原产项目的百分比计算。这一百分比是基于2003~2012年专利申请的相对百分比计算得出的。因此，2012年美国专利商标局由于美国原产专利项目所获得的总的预计收益为21.795亿美元乘以51.5%，总额为11.22亿美元。结果总结如表3-2所示。

表3-2　2012年美国原产专利研发与美国专利商标局费用对比情况

成本的性质	预估投资额/亿美元
1. 申请准备的专业费用	33.60
3. 为回应审查决定书所需的律师费	6.95
2，4，5：支付给美国专利商标局的总费用	11.22
总成本	51.77
2012年美国的研发总投资	4470
专利投资/研发总投资	1.16%❶

总的来说，基于支付给美国专利商标局的各类费用，专利投资占整个经济中研发投资的比率大约为1.16%。

c. 第三项分析

布鲁金斯学会（The Brookings Institution）是美国顶级的智囊机构之一。它拥有非常好的声誉，其报告经常被引用，并且事实上它的官方格言是"质量、独立、影响"。在2013年2月，它发布了一项名为《专利繁荣：美国及其都会区的发明和经济业绩》（*Patent Prosperity：Invention and Economic Perform-*

---

❶　再次强调，如果所有在美国的专利和专利申请都完全属于"微型实体"，那么表3-2中的专利投资占据研发总投资的比率将有些下降，范围为0.97%~1.16%，再次强调，这一结果并不影响总的结论。另外，如果支付给美国专利商标局的费用降低15%来考虑授权给"小企业"的专利项目，最后的专利投资占据研发总投资的比率将从1.16%降至1.12%，总的结论没有受到影响。

ance in United States and its Metropolitan Areas）的报告，❶ 报告第 8 页指出，自从 1975 年以来，平均一件专利被授予的研发费用大约 350 万美元。这些费用的加总可以转换成专利成本对研发投资的比率吗？为了计算这一比率，我们需要了解在之前以及现行的美国专利商标局收费标准下获取和维持一件专利的总成本。见表 3 - 3。

表 3 - 3　专利申请成本与研发的对比情况

成本的性质	2013 年之前的费率/美元	现行费率/美元
1. 申请准备的专业费用	12500	12500
2. 支付给美国专利商标局的申请费	1250	1600
3. 为回应审查决定书所需费用（2.5 × $2500）	6250	6250
4. 支付给美国专利商标局的发证费	1750	960
5. 支付给美国专利商标局的维持费	8860	12600
总成本	30610	33910
布鲁金斯学会：研发总投资	3500000	3500000
专利成本/研发总投资	0.87%	0.97%❷

　　根据布鲁金斯学会的表述，一件充分投入的专利在研发中的占比处于 0.9% ~ 1%。

d. 第四项分析

　　帕克莫维斯基和瓦格纳教授在题为"专利组合"的法律评论文章中，在第一章中引用了和布鲁金斯学会相似的方法，但该文章是基于授权专利而非专利申请的。他们绘制的图中显示，1963 ~ 1999 年，"专利占美国企业 1996 年每 100 万美元的研发费用"的比率处于 0.19 ~ 0.39 范围，平均值大约为 0.30。❸ 专利对

---

❶ ROTHWELL J, LOBO J, STRUMSKY D, et al. Patent Prosperity：invention and economic Performance in United States and its Metropolitan areas [EB/OL]. (2014 - 11 - 15). http：//www. brookings. edu//media/research/files/reports/2013/02/patenting%20prosperity%20rothwell/patenting%20prosperity%20rothwell. pdf.

❷ 如果所有在美国的专利项目都属于微型实体，表 3 - 3 中"专利成本/研发总投资"的最终比率将从 0.97% 下降至 0.64%。相比于表 3 - 1 和表 3 - 2 中所注意到的，这是一个较大的影响，主要是由于 2013 年所发生的专利维持费的大幅度上升。然而实际上，如果从专利的总成本中减掉支付给美国专利商标局的 15% 的费用（为了考虑到授权给小企业以及现在为微观实体身份的专利项目），最终的"专利成本/研发总投资"的比率将从 0.97% 下降至 0.90%。这些影响只有在未来才会发生，并且这不仅仅是猜测。专利投资的基准比率，即研发投资额的 1%，看起来仍然是有效的，并且对普通企业来说将不会受到影响，但对小企业以及微型实体来说可能会在将来有轻微的下降。

❸ 帕克莫维斯基和瓦格纳，《专利组合》，第 18 页，图 2，标题为《专利强度的增强》。这个图 2 的出处，参考：MERRILL SA, LEVIN RC, MYERS MB. A Patent System for the 21st Century [M]. Washington, D. C：National Acadmies Press，) 2004.

研发额的这一比率可以直接转化为专利额对研发额的比率。见表 3 – 4。

表 3 – 4　授权专利成本与研发的对比情况

假定成本/美元	30000	33000	36000
专利率	0.3	0.3	0.3
估算值/美元	9000	9900	10800
研发总投资/美元	1000000	1000000	1000000
专利美元/研发美元	0.90%	0.99%	1.08%

总之，回顾了整体专利成本对研发的比重，基于每 100 万美元研发投资产出 0.3 专利率的假定，得出专利投资对研发投资的比重在 0.90% 和 1.08% 变化。

e. 影响特定企业比率的要素

1% 的基准仅仅是个开始。每家企业都应该考虑各类应该会增加或降低基准的要素。尤其是年轻的企业——特别是市场不断增长的技术密集型产业中的新兴公司——必须认真考虑将比重提升至远超 1% 以上，甚至可能要翻倍或达到更高的比重。这些公司依赖于创新——它们存在的原因是引入了一项创新，而这项创新将使一个或更多当前的产业发生震动并且可能开发出一个全新的市场。另外，当技术全新时，这些企业的一些伟大的想法，更确切地说，在整个生涯中将要进行的某些伟大的发明，将在早期被开发出来。对于这些公司来说，发明，以及对发明的保护就是一切。

很不幸的是，这类公司往往是缺乏资源的公司，不仅缺少现金投资于专利或研发，也缺少工程师和高级技术人员的时间资源。外部专利专家尽其所能地减少公司技术人员的时间占用，但专利化过程不可避免地消耗了一些工程时间。一个主动的专利项目将比被动或不存在的专利项目消耗更多时间。尽管研发和专利相关工作相互配合，但它们在资源匮乏的公司里却总是存在冲突，这是新成立的公司所面临的另一个窘境。高科技的新公司必须在最初就大量投资于专利，否则会造成严重的价值损失。

另一方面，成熟的公司拥有更多选择。它们拥有成熟的技术和市场和重要但是适度的技术改进。有些时候，市场在衰退，行业内的公司将资源转向其他方面。在所有这些情况中，成熟公司可能使用 1% 的基准，甚至可以降低这一基准。

还有一些成熟的公司因为各种原因，将大量资源投资于专利。它们可能是运用专利作为开拓新业务的先导，或者实施一项积极的专利计划——高通公司和 IBM 就是实施相对积极专利战略的企业代表。它们可能会继续提高专利价值，即使它们不再强调经营活动——摩托罗拉公司就是个例子。它们可能会大量投资专利作为防御的工具，去和其他公司战斗或威慑其他公司——这似乎就是三星公司的案例，以及防御型整合者如 AST 和 RPX 的案例。成熟的公司处于成熟的市场或衰退的市场，拥有静止的或缓慢变革的技术，它们可能会减少研发和专利活动，维持 1% 的基准，或者它们可能会减少研发并且实质上停止专利活动，或者它们可能会继续强调专利，即使产品业务下降。

　　总之，1% 的基准是有用的，但应该按照企业所处的特殊环境以及选择追寻的专利战略对其进行检验。

　　对于技术导向型公司来说，总研发投入的 1% 用于专利投资。这一基准只是一个大体的数字，会随着产业和公司类型的变化发生变化，理解这一点是非常重要的。特别是，我们期望能有相对更多的投入进入增长率相对较高的、更新的产业中去，而有相对较少的投入进入增长较为缓慢的、更成熟的产业中去。然而，比这个行业更重要的是公司的状况——在几乎所有的情况中，新的、不太成熟的企业应该比时间久、更成熟的企业在专利上投入更多。表 3 – 5 对此作出了总结。

表 3 – 5　按产业与公司分类的专利投资对比情况

	新公司	成熟公司
超过平均增长和预期的市场	A： 新公司，增长的市场，专利投资超过研发的 1%	D： 成熟公司，增长的市场，专利投资为研发的 1% 或更多
平均市场水平	B： 新公司，平均市场水平，专利投资超过研发的 1%	E： 成熟公司，平均市场水平，专利投资为研发的 1% 或更少
低于平均增长和预期的市场	C： 新公司，成熟市场，专利投资远超研发的 1%（或者不投资于业务）	F： 成熟公司，成熟市场，专利投资远低于研发的 1%

　　A 部分和 B 部分要求一家新公司——可能是新成立的公司——去大量投资技术以及保护技术的专利。如果某一个技术领域的新公司不能提供重要的技术创新，那么这家公司存在的理由是什么呢？技术投资和专利投资都应该是非常重要的。

　　C 部分是不确定的。为什么一家新公司要投资于停滞不前或垂死的市场？如果这家新公司打算运用重大的革新来振兴这一市场，那自然很好，但这一投资必须非常重要以便能震动整个产业。如果没有重大的革新——没有模式转变或技术拐点，那么这家新公司很可能会从这一领域逃离（如果之前已经进入该领域），或避免进入这一市场（如果还没有进入该领域的话）。

D 部分要求一家成熟的公司在具有吸引力的市场继续保持投资，或者如果该公司希望巩固其地位，则要比平均水平投资更多。E 部分不是特别吸引人——成熟公司可能会维持平均水平或在专利投资上低于平均水平。最后，F 部分会逐渐消失，成熟公司可能应该将其注意力转移到其他市场。

f. 第 1 部分总结——自上而下的预算

虽然信息是局部且不完善的，并且没有比率恰好是 1%，然而基于美国专利商标局、巴特尔纪念研究所、布鲁金斯学会以及帕克莫维斯基和瓦格纳教授等的信息进行的各类分析来看，整个经济中专利投资占研发的比重在 0.90%~1.16% 变化。这为自上而下的专利组合预算中的假设提供了支持——一般企业在考虑特殊要素之前，可能会将其研发预算的 1% 投资于专利。这一比率只是一个开始。各类要素都可能会使这个企业在这一基准上增加或减少其对专利的投资。新成立的公司、年轻的公司、处于技术强大且变革迅速领域内的公司、处于市场增长状态中的公司以及打算采取积极市场战略的公司，应该将专利的投资增加至研发投资的 1% 以上。相反，更加成熟的公司、处于技术变革相对静止领域内的公司或处于市场衰退状态中的公司以及实施维持或防御战略的公司，可能需要考虑将它们的专利投资减少到研发投资的 1% 以下。总而言之，作为自上而下预算方法的一个起始点，研发的 1% 是一个合理的基准。

2. 自下而上的预算：锁定结果

和自上而下的预算方法相反，自下而上的预算方法锁定的是结果而非成本。企业有意识地决定什么是企业所需要的，制订计划实现目标，并估计获得这一结果所需的成本。

什么类型的"关于需求的有意识决定"将驱动专利组合？

第一个例子，一家企业觉得拥有突破性或"重大"发明，必须对此提交专利申请并实施直到授权，不作其他战略上的甚至财务上的考虑。这样的专利是非常少见的，但如果可以获得此类专利，则应该去获取，资源的缺乏问题必须被克服。

第二个例子，对企业来说存在专利侵权诉讼的威胁。可能会被问到许多问题，比如下列的。

（1）一般来说，这个产业是好打官司的吗？

（2）是否存在快速的技术发展，因此存在旧技术过时陈旧的问题？业内人士可能会争夺技术优势以及市场份额。

（3）产业内的主要参与者是否拥有大量专利？竞争者广泛的专利活动可能会导致诉讼。

（4）该企业在市场份额和营利性上是否充当市场领导者的角色？这对企业的产品业务来说是非常有利的，但可能对企业非常不利的是企业会遭受专利诉讼——成功的大企业是专利诉讼的最好目标，因为这类企业有钱来赔偿专利损害，如果败诉，它们的风险会更大。

诉讼的风险等于专利诉讼败诉的预期成本乘以被起诉的预期可能性和败诉的预期可能性，即（预期成本）×（被起诉的可能性×败诉的可能性）。对专利诉讼的忧虑对企业来说可以成为强大的动因，企业会有动力开发强专利组合作为对专利原告的反威胁。

第三个例子，如果采用侵略型专利战略，企业会被形势所迫大量投资于专利。

a. 自下而上的预算方法举例

让我们考虑两个自下而上预算方法的案例：捷邦公司，需要对其重大发明获取专利权；高通公司，该公司已经有意识地选择了侵略型专利战略，并且已经毫不停歇地推行了这一战略。

案例1——捷邦安全软件科技有限公司

捷邦公司是电子防火墙领域的先行者之一，我们在第一章中已经讨论了其专利组合。这家企业似乎有69件已授权专利，主要在美国，但是还在加拿大、中国、欧洲、德国、日本、新加坡以及韩国进行了专利布局。该企业似乎另外还有60件专利申请，仍然是主要在美国，但也有一些在欧洲的申请与PCT国际申请。如果我们假设每件专利的满载成本为3万美元，每件专利申请的成本为15000美元，那么，捷邦公司在1994年到2014年中期的整个时期中，在专利上的总投资额大约为300万美元。❶

---

❶　当然这里的满载成本被夸大了，因为有些专利还没有过期，有些专利申请还没有到最终的审查结果，并且基于国别申请的PCT申请成本往往远远小于2万美元（尽管在有些亚洲国家由于昂贵的翻译成本，可能会超出20000美元的成本）。因此，在专利上的总投资额可能小于300万美元。另一方面，有可能还有一些专利申请没有被公布，这些也需要算到投资中。另外，有些专利是通过收购别的公司获得的——捷邦公司在2004年收购了Zone Labs公司，在2009年收购了诺基亚安全设备部门，在2010年收购了Liquid Machines公司。收购价格的一部分可能会和专利有关，但没有发现这方面的数据，因此我不能对此进行任何的分配。对这类型的专利组合来说，拥有大约69件专利以及60件已经公布的专利申请，300万美元的投资是一个合理的估计值。

就像捷邦公司这样的企业，拥有 300 万美元的专利总投资，我们可以对此作何评论呢？让我们首先总结一些企业 1994～2013 年整个时期的数据，然后总结一下仅仅在过去的 5 年，即 2009～2013 年的数据，因为捷邦公司提高了在专利上的投资。

1994～2013 年的整个时期，企业投资了 8.57 亿美元在研发上，产生了 100 亿美元的收入以及 51 亿美元的经营利润。因此，可以看出来，在专利上的总投资相当于研发总投资的 0.35%，远远低于 1.00% 的技术基准率。捷邦公司在这一时期的研发与收入的比率大约为 8.46%，对于一个高科技企业来说并非不合理的，而其经营利润与收入的比率非常大，达到 50.75%。但这些结果导致专利与收入的比率仅仅为 0.03%，专利与经营利润的比率仅仅为 0.06%。❶ 总的来说，在进行任何特殊考虑的调整之前，这一专利投资的绝对水平，即研发的 0.35%，以及远远低于收入和经营利润的 0.1% 的绝对水平，明显是不够的。

驱动特定企业制定基准的特殊考虑是什么？这些特殊考虑是否意味着捷邦公司的基准比率应该是 1.00%，或者更高，或者更低？

（1）捷邦公司当然不是一家年轻的企业，但也不是一家成熟的企业，所以基准水平应该是不变的。

（2）这个行业仍然存在非常强大的创新力，这就有理由要求一个高于 1.00% 的基准水平。

（3）总体上，电子安全市场，尤其是防火墙市场持续以强劲的速率在增长。这样的增长要求高于 1.00% 的基准水平。

（4）捷邦公司在防火墙领域是领导者，在市场份额上仍然是领军企业之一。该企业的收入和利润都非常乐观，并保持持续增长。作为一个财务状况极好的市场领导者，捷邦公司成为寻求市场份额的竞争者，或者想要在捷邦公司的利润中分一杯羹的小企业们提起诉讼的主要候选人。所有这些信息都有理由要求一个高于 1.00% 的基准水平。

（5）防火墙产业已经存在诉讼，但当然还没有接近在蜂窝市场中所见到的水平。这样的情况，要么就是对基准没有影响，要么就是有微弱的动力来降低基准水平。

简而言之，似乎至少从表面上看起来，捷邦公司在专利投资上的基准水平应该至少要达到 1.00% 的一般基准率，可能还应该更高。该企业的真实投资

---

❶ 捷邦公司的所有财务信息都取自或源自 http：//www.checkpoint.com/corporate/investor - relations/earnings - history/index.html（最后一次浏览是在 2014 年 11 月 15 日）。

率为 0.35% ，看起来是不足的。

这个状况在过去的 5 年有明确的改变吗？捷邦公司在 2009～2013 年已经生成了其专利组合中的几乎 50%。所以可能在那段时期，该企业已经在专利上投资了适当的额度。仍然基于每件专利 3 万美元和每件申请 15000 美元的数据，表 3－6 总结比较了 2009～2013 年的财务状况和当年公布专利的专利投资情况。

表 3－6　2009～2013 年捷邦公司专利投资

年份	2009	2010	2011	2012	2013	**2009～2013**	**1994～2013**
收入/千美元	1352309	1097868	1246986	1342695	1394105	**6433963**	**10126975**
研发/千美元	83094	95682	102675	103317	112763	**497531**	**856612**
经营利润/千美元	415017	535014	642174	746535	760905	**3099645**	**5139092**
专利/千美元	165	330	165	375	390	**1425**	**3000**
专利/收入	0.0122%	0.0301%	0.0132%	0.0279%	0.0280%	**0.0221**%	**0.0296**%
专利/研发	0.1986%	0.3449%	0.1607%	0.3630%	0.3459%	**0.2864**%	**0.3502**%
专利/经营利润	0.0398%	0.0617%	0.0257%	0.0502%	0.0513%	**0.0460**%	**0.0526**%

基于已经公布的专利申请和专利，捷邦公司在 2009～2013 年的专利投资，相比于 1994～2013 年整个时期在专利上的平均投资，无论从哪个角度衡量都更差了。的确，企业的专利投资已经增加了，但这已经远远被收入、研发以及经营利润的强势增长抵消了。例如，2009～2013 年，专利投资额占研发投资额的比重仅仅为 0.2864% ，与该企业整个时期的 0.3502% 相对应。

那么，从捷邦公司的专利策略和专利预算中可以推断出什么呢？❶

（1）捷邦公司分别在 1997 年和 1998 年提交申请并获得了 2 件重大专利。该企业对其重要的发明提交并及早进行申请的行为是一家高科技初创企业的非常典型的行为，这做得非常好。

（2）随后的一段时间，1999～2004 年，该企业几乎在专利上没有做任何事。在这 6 年期间总共提交了 35 件专利申请，这对于一家已经决定将"要么忽略专利，要么仅仅为碰巧时不时出现的构想申请专利"作为其战略的一部分的企业来说，也不是不常见的。换句话说，这是自下而上的预算方法的一种形式——没有特定的预算，没有特定的专利活动，但如果出现了适当的发明，则提交申请。

（3）捷邦公司的专利活动在 2005～2013 年，尤其是 2009～2013 年，大幅

---

❶　所有这些结论都是基于已经发布的信息作出笔者个人的推断。

度加强，但这个活动是具有欺骗性的。在数量上并没有真正的改变，专利活动继续保持在 1.00% 的基准之下。

（4）捷邦公司的 2 件重大专利在 2014 年 2 月到期了，因此它的专利组合现在失去了质量以及数量的优势。

案例 2——高通公司

高通公司和捷邦公司相比非常不同，因为捷邦公司的基本专利战略就是什么都不做（或者不时地进行极少的专利活动），而高通公司明显的战略就是尽一切可能进行专利活动，并且及时支出一切费用并且作任何努力，为了能生成一个在行业中占据优势的专利组合。在这两个例子中，很明显最初的关注点都是应该做什么而非成本，这就是自下而上的预算方法的本质，但催生的策略却完全不同。

正如第一章中所描述的，评价专利组合的 6 个准则是：和企业战略相符、技术和市场的覆盖、质量和数量的平衡、地理平衡、时间平衡以及特殊考虑。关于高通公司的这些准则，我们已经在第一章中讨论过了，但比较一下高通公司和捷邦公司以及产业基准仍是有用的，以便于理解对于一个有意识地决定利用专利来统治市场的企业来说，这意味着什么。见表 3 - 7。

表 3 - 7　捷邦公司、行业标准和高通公司的对比情况（2014 年 6 月 30 日）

	捷邦公司	行业标准	高通公司
研发强度（研发/收入）	9.4%	7%~8%	20.8%
专利组合中的专利数量/件	129	不相关	57216
在企业整个期间的专利总投资额估计	300 万美元	不相关	17.1 亿美元
专利活动投资（专利投资/研发）	0.35%	1.00%	5.71%
专利投资/收入	0.03%	0.07%~0.08%	1.19%

这个表格是很清晰的。尽管捷邦公司在研发上的投资相对较大，但它在专利上的投资却是无力的。这是一家已经选择不去主动追求专利，只是当特定专利时不时出现时对其进行预算的企业。相反，高通公司在研发上的投资非常大（相对于整个行业），而且在专利规模上确实也很大（仍然是相对于整个行业）。尽管高通公司像捷邦公司一样，似乎锁定的是结果而非成本，但整个关注点是获得技术优势。而且这似乎是高通公司自从 20 世纪 80 年代中期成立以来就持续关注的焦点。

b. 第 2 部分总结——自下而上的预算

最终，一项专利战略必须平衡成本与结构。在自下而上的预算中，最初的关注点是结果，随后是成本。这是与自上而下的预算方法相反的关注点。

自下而上的预算可以是一项有意识的专利战略导致的结果，正如高通公司的例子。自下而上的预算也可以是没有专利战略，或者一项尽可能少做的专利战略而导致的结果，正如捷邦公司的例子。自下而上的预算可能被用来实施任何一种战略，无论是侵略型的战略、防御型的战略或者极小化的战略。

3. 竞争性的预算方法：基于竞争锁定目标和结果

在竞争性的预算中，企业锁定的是它的竞争者。企业实施4个步骤。

第一，企业选择一组竞争者，以便为专利投资和专利成果创造一个竞争性的投资基准。

第二，企业判断这些竞争者们获得的专利成果，并推断达到这些成果所需暗含的投资是多少。如果可能的话，企业搜集关于竞争者的财务信息，用来生成专利投资的基准以及相对于研发投资和/或相对于收入的专利成果。

被评估的专利成果可能和每个竞争者的整体努力相关。在第三章中的例子中（下面即将要提到），包含了对每个竞争者各自整个专利组合的评估。或者，企业可以按照国家，按照产品和服务，按照技术，或按照国家、产品和技术的某种组合来评估竞争者的专利成果。按照国家来评估专利成果几乎总是可行的，至少在美国、欧洲主要的经济领先国家以及亚洲是可行的。获取产品和技术信息要更困难一些，需要对专利项目在不同的产品和技术之间的分布进行一些判断，但至少可以一种粗略的方式进行判断。

第三，基于第二步得来的信息，企业生成自己的基准。这可能是基于竞争者获得的专利成果，或竞争者进行的专利投资，或竞争者的成果以及投资所作的竞争性基准。

这个基准可能是针对企业的整个专利组合，或者只针对某些特定国家、特定的产品和服务或者特定的技术。一种作出这一突破性创举的方法是基于前面步骤中评估的具体的专利成果，另一种方法是仅仅运用竞争者整个专利组合的信息以便生成一个平均基准，但是然后将根据企业认为应该优先考虑的地理、产品和技术市场来提高或降低平均基准。

第四，企业形成其对专利的预算，可能是自上而下（分配一定金额给专利，由此产生一定数量的专利）或者自下而上（对一定数量的专利项目进行预算，意味着一定量的财务承担额）。对于每一次的预算过程来说，成本和成果之间有一个互动的过程，直到达到了大概的混合水平。不可避免地，一家企业的专利预算应该指明国家、产品和服务以及技术之间的优先权，还有该竞争性基准是否是基于竞争者的整个专利组合或其专利活动的某些具体部分。

总的来说，竞争性的预算方法开始于对竞争者的了解，结束于对企业预算成本和期望成果之间的平衡。

竞争性的预算方法基于竞争者的专利活动生成了一个基准水平。从这个意义上说，这和所有科技公司的一般基准是很相似的，即专利投资相当于研发投资的 1.00% 的基准。然而，在竞争性的预算中，基准水平可以并且通常与研发投资的 1.00% 的基准有些不同的，并且基准群体存在多重可能性。下面是企业生成竞争性基准时可能会用到的一些群体。

（1）在经济中的所有企业，将专利总投资与研发总投资进行对比。这一基准在第一部分"自上而下的预算"中已经解释过了。

（2）仅仅基于 ICT 领域的企业形成的基准。这当然是一个相比于"经济中所有企业"这一类别要窄得多的群体，但它可能仍然是相当宽泛的领域。可以采用许多方法来识别和 ICT 领域明确相关的企业，例如依据下列标准。

① 主要在美国专利商标局特定的"技术中心"内部获得专利的企业。❶

② 可以用拥有特定技术分类编号的专利来识别相关企业。❷

③ 特定的行业可能会被聚合——例如，《美国电气和电子工程师协会会刊》在其发布的专利实力排行榜中列出了 17 个领域分类并且分析了每个领域分类项下的 20 家企业或其他组织的专利组合。❸

（3）企业可以仅仅从与该企业的活动紧密相关的一个非常窄小的领域内

---

❶ 美国专利商标局的技术中心有：1600 生物技术与有机化学；1700 化学品和材料工程；2100 计算机体系结构、软件以及信息安全；2400 计算机网络、多路通信、视频传播以及安全；2600 通信；2800 半导体、电气和光学系统及部件；2900 设计；3600 运输、建筑、电子商务、农业、国家安全以及许可与审查；以及 3700 机械工程、制造和产品。一家企业可以根据偏好进行识别，并且可以在 2100、2400、2600、2800 以及 3700 中进行比较。或者企业可以排除 3700。或者企业将聚焦在某一个技术中心，例如 2600 通信。

❷ 最著名的 3 个分类系统是国际专利分类（IPC）、美国专利分类号（USPC）以及欧洲专利分类号（ECLA）。这 3 种分类系统中的任何一种都可以被用来识别相关的企业是否可以被包含在某个基准分析中。

❸ 《美国电气和电子工程师协会会刊》发布的专利实力排行榜中列出的 17 个领域分类是：（1）航空航天和国防；（2）汽车及零部件；（3）生物技术和医药；（4）化学；（5）通信/互联网设备；（6）通信/互联网服务；（7）计算机外围设备和存储器；（8）计算机软件；（9）计算机系统；（10）企业集团；（11）电子设备；（12）政府机构；（13）医疗仪器/设备；（14）科学仪器；（15）半导体设备制造；（16）半导体制造；（17）大学/教育/培训。很明显，是有可能产生许多不同的组合的。一家企业想要创建一个非常宽泛的 ICT 领域的基准，可能会将自己和第（5）～（9）组，第（11）组，以及第（15）～（16）组中的 160 家企业进行比较。一家半导体企业可能仅仅会考察第（15）组和第（16）组中的 40 家企业。

选择其中活跃的竞争者。❶

这些是同一主题下的所有变化。在所有的情况下都将实施顺序如下的同样的4个步骤：

（1）选择企业认为恰当的竞争者群体以从中生成和企业特定相关的基准。

（2）判断这些特定竞争者们的专利成果以及暗含的投资规模。

（3）基于这些竞争者们的活动为投资和/或成果生成一个基准。

（4）规划企业的专利投资额，随后规划专利成果（自上而下的预算方法）；或者规划企业的专利成果，随后规划所需的投资额（自下而上的预算方法）。

a. 竞争性预算方法举例

关于竞争性的预算方法，下面有两个例子。

案例1——防火墙行业

捷邦公司为如何构建和应用一个竞争性基准提供了一个优秀的案例。这有两个原因。第一，它证明了构建这样一个基准所固有的困难有哪些。第二，它回答了许多企业都一定会感兴趣的一个问题——"无论我的专利组合是强还是弱，我应该怎样在竞争中一较高下？"正如我们已经看到的，捷邦公司的专利组合在绝对意义上来说是弱的，或者说和所有科技公司相比来说是弱的，但和它最直接的竞争对手相比，怎么样呢？

第一步——选择相关的企业群体

捷邦公司并没有出现在《美国电气和电子工程师协会会刊》发布的专利实力排行榜中列出的17个领域分类中的任何一个内。然而，在其2013年提交给美国证券交易委员会的20－F年报中，捷邦公司已经明确了其14个最直接的竞争对手。❷捷邦公司可以简单地使用这14家企业作为基准群体，但首先，应该问："这14家企业都属于《美国电气和电子工程师协会会刊》中所列出的某个分类吗？"如果是的话，可能这个部分下的20家企业会是一个更好的样本。表3－8展示了这14家企业，以及它们所属的《美国电气和电子工程师协

---

❶ 这里存在多种可能性。第一个例子，美国专利商标局的每个技术中心是由许多不同的组所组成的，其中的任何一组都可以被企业用来作为形成基准的参照。按照企业活动，这个分类系统可以变得非常的具体。第二个例子，企业可以仅仅选择在《美国电气和电子工程师协会会刊》发布的专利实力排行榜中某一领域的20家企业。例如，谷歌已经划分在"通信/互联网服务"下，这一目录下还包括美国电话电报公司、NT&T公司、捷讯公司、西门子公司、Sprint Nextel公司、雅虎公司以及其他13家公司。

❷ 这些公司被列在捷邦公司2013年的20－F年报中，可以通过http://www.checkpoint.com/downloads/corporate/investor－relations/sec－filings/2013－20f.pdf获取，请参考第7页的内容。

专利组合：质量、创造和成本

会会刊》分析中所列的分类。

表 3-8　防火墙行业中的竞争者

捷邦公司列出的竞争者	《美国电气和电子工程师协会会刊》发布的专利实力排行榜中列出的部分
1. 思科系统	（1）通信/互联网设备
2. 火眼公司	没有出现在专利实力排行榜中
3. 飞塔公司	没有出现在专利实力排行榜中
4. 惠普公司	（2）计算机系统
5. IBM	（2）计算机系统
6. 瞻博网络	（1）通信/互联网设备
7. 迈克菲（2011 年被英特尔收购）	（3）半导体制造（英特尔）
8. 微软公司	（4）计算机软件
9. Palo Alto Networks	没有出现在专利实力排行榜中
10. 音墙网络（2012 年被戴尔收购）	（2）计算机系统（戴尔）
11. Sourcefire（2013 年被思科收购）	（1）通信/互联网设备（思科）
12. 赛门铁克公司	（4）计算机软件
13. 沃奇卫士技术	没有出现在专利实力排行榜中
14. 网感公司	没有出现在专利实力排行榜中

　　简而言之，在捷邦公司认为的这 14 家最直接竞争对手企业中，有 3 家企业作为"通信/互联网设备"企业出现在了《美国电气和电子工程师协会会刊》发布的专利实力排行榜中，有 3 家企业作为"计算机系统"企业出现，有 1 家企业作为"半导体制造"企业出现，有 2 家企业作为"计算机软件"企业出现，还有 5 家企业没有出现在专利实力排行榜中。在这 4 个类别中，"半导体制造"看起来似乎是不相关的，"通信/互联网设备"和"计算机系统"虽然看起来似乎是相关的，但它们在很大程度上是以硬件为导向的，而捷邦公司很大程度上则是以软件为导向的（尽管捷邦公司确实随它的软件一起售卖一些硬件）。"计算机软件"看起来似乎是最相关的部分，但这一领域是非常宽泛的，包括许多和捷邦公司没有关系的活动，例如数据库管理（甲骨文公司在列）、便携文件格式软件（奥多比公司在列）以及数字媒体（美国在线公司在列）。综上所述，《美国电气和电子工程师协会会刊》发布的专利实力排行榜中没有一个特定分类是完全契合捷邦公司业务的。

　　然后可以选择不同的基准群体。这样的群体可以比捷邦公司在 2013 年提交的 20-F 年报中明确的 14 家企业更多，或者更少。表 3-9 仅仅展示了一些可能性。

表 3 – 9　可能的防火墙行业基准群体

可能性	来源	企业数量/家	优势	劣势
（1）原始样本	捷邦公司 2013 年的 20 – F 年报	14	明确并相关	可能太小了
（2）最近的分类加上原始样本	《美国电气和电子工程师协会会刊》分类中的计算机软件；以及捷邦公司 2013 年的 20 – F 年报	大约 30	更宽泛的样本量	和捷邦公司的相关性更小
（3）最直接的竞争对手中所涉及的 4 种《美国电气和电子工程师协会会刊》分类加上捷邦公司列出的其他公司	《美国电气和电子工程师协会会刊》分类中的互联网设备、计算机系统、计算机软件、半导体制造以及捷邦公司 2013 年的 20 – F 年报	85	非常宽泛的样本量	和捷邦公司的相关性很低
（4）在《美国电气和电子工程师协会会刊》分类中所有的 ICT 的 8 个分类加上捷邦公司列出的其他公司	上述的《美国电气和电子工程师协会会刊》中的 4 个分类，加上互联网服务、计算机外围设备和存储器、电子设备以及半导体设备，以及捷邦公司 2013 年的 20 – F 年报	165	异常宽泛的样本量	和捷邦公司的相关性非常低（接近整个 ICT 产业）
（5）捷邦公司竞争者 A 组	捷邦公司 2013 年的 20 – F 年报的第 7 页	8	极度相关	可能样本量太小，没有意义

原始的 14 家企业群体都是捷邦公司明确指出重要的竞争对手。假设这些企业的相关信息都是可以获得的话，看起来似乎是一个很好的选择。表 3 – 9 中的选择（2）、（3）和（4）更加具有包容性，但和捷邦公司的直接相关性减弱。表 3 – 9 中的选择（5）是捷邦公司在其提交的 20 – F 年报中所定义的，在该年报中，捷邦公司将它的主要竞争者们划分为 2 类，笔者称为"A 组"和"B 组"。A 组包括 8 家企业——思科系统、飞塔公司、瞻博网络、迈克菲、Palo Alto Networks、音墙网络、Sourcefire 以及沃奇卫士技术。这些企业似乎与捷邦公司的主营业务进行竞争。其余的 6 家企业属于 B 组，被认为是与"我们（捷邦公司）提供的特定产品"进行竞争。若仍然假设可以获得关于 A 组 8 家企业的足够信息的话，有可能会选择相对较小的群体，即仅仅 A 组的 8 家

企业。

尽管表 3-9 展示了 5 种选择，但还有许多企业可能的选择。这里我们选择原始的 14 家企业是因为它们是捷邦公司认定最直接的竞争对手，也因为这是一个相当大但并不会无法管理的一个样本规模。

在任何情况下，为基准群体选择特定的企业是在专利投资中执行竞争性预算的非常重要的因素。

第二步——判断这些竞争者们的专利成果及暗含的投资规模

所有这 14 家企业的专利信息都唾手可得。有 12 家企业的财务信息是可以获得的。还有 2 家企业，关于它们财务状况的公开信息非常少：首先是音墙网络，该公司原来是一家非上市企业，2012 年被戴尔收购；还有一家是沃奇卫士技术公司，该公司自从 2006 年以来就是一家非上市企业。因此，在基准群体中将去除这 2 家企业，基准将基于剩下的 12 家企业的数据得出。

表 3-10 总结了捷邦公司相对于其认为最直接的竞争对手，自身的专利地位情况。

表 3-10　捷邦公司与竞争者的专利组合对比情况

	专利项目* 总数 （2014 年 6 月 30 日）	2013**年 收入/百万 美元	2013**年 研发/百万 美元	2013 年 研发/ 2013 年 收入	专利项目 总数/ 2013 年 收入	专利项目 总数/ 2013 年 研发
捷邦公司	145	1394	113	8.1%	0.1040	1.2859
思科系统	22988	48600	5942	12.2%	0.4730	3.8687
火眼公司	42	162	66	40.9%	0.2600	0.6360
飞塔公司	404	615	103	16.7%	0.6569	3.9353
惠普公司	103454	112298	3135	2.8%	0.9212	32.9997
IBM	248919	99751	6226	6.2%	24954	39.9806
瞻博网络	3212	4669	1043	22.3%	0.6879	3.0796
迈克菲（2011 年 早期卖给英特尔）	1817	2065	344	16.7%	0.8800	52821
微软公司	83954	77849	10411	13.4%	10784	8.0640
Palo Alto Networks	44	396	62	15.8%	0.1111	0.7042
Sourcefire（2013 年 7 月卖给思科）	86	223	42	18.6%	0.3855	2.0688
赛门铁克公司	4002	6906	1012	14.7%	0.5795	3.9545

续表

	专利项目*总数（2014年6月30日）	2013**年收入/百万美元	2013**年研发/百万美元	2013年研发/2013年收入	专利项目总数/2013年收入	专利项目总数/2013年研发
网感公司（2013年成为非上市企业）	133	361	63	17.5%	0.3679	2.1009
平均（平均数）	36091	27330	2197	15.84%	0.6923	8.304
平均（中位数）	1817	2065	344	15.08%	0.8800	3.9353
捷邦公司与之相比如何（平均数）	专利组合平均数的0.4%	2013年收入平均值的5.1%	2013年研发平均值的5.1%	平均值的51.15%（2013年研发/2013年收入）	平均值的15.0%（专利项目总数/2013年收入）	平均值的15.0%（专利项目总数/2013年研发）
捷邦公司与之相比如何（中位数）	专利组合中位数的8.0%	2013年收入中位数的67.5%	2013年研发中位数的32.8%	中位数的51.3%（2013年研发/2013年收入）	中位数的11.8%（专利项目总数/2013年收入）	中位数的32.7%（专利项目总数/2013年研发）
捷邦公司与之相比如何（排名）	与网感公司并列为13家企业中的第9名	13家企业中排名第8	13家企业中排名第8	13家企业中排名第11	与Palo Alto Networks并列为13家企业中的最后一名	13家企业中排名第11
和主要竞争者相比的总结	与竞争者相比，专利组合规模小得多	属于业务集中，规模较小的企业，接近平均水平	和规模较小的竞争者相比在研发上的投资水平很低	研发投资与收入的比率非常低	在专利组合上的投资非常不足	在专利组合上的投资非常不足

　　*"专利项目"包括每件美国、欧洲、德国以及日本的专利和专利申请，加上向世界知识产权组织提交的PCT国际申请。并没有尝试去减掉后来被授权成为专利的申请，因此，表中所列出的专利项目总数预期会比实际的专利项目数量略高。

　　**所有的数据都是2013年的，只有迈克菲公司的数据是2010年的（早于它在2011年被英特尔收购的时间），Sourcefire的数据是2012年的（早于它在2013年被思科收购的时间），网感公司的数据是2012年的（早于它在2013年成为非上市企业的时间）。

对于捷邦公司来说，表 3 – 10 所描述的画面是令人沮丧的。尤其是在和其他竞争者相比的数据上，捷邦公司表现很差。让我们来看看表 3 – 10 中倒数三列中的数据。捷邦公司的研发与收入之比在 13 家企业中排名第 11，专利投资与收入之比并列最后一名，专利投资与研发之比在 13 家企业中排名第 11。如果我们问这个问题："尽管捷邦公司在专利上总体很弱，但相比于它的竞争者们，地位合理吗？"答案很明显是不合理。尽管捷邦公司在研发上的投资与竞争者相比很弱，但它在专利上的投资表现更差。

然而，可能事实的情况是，捷邦公司为了纠正企业的严重平衡，近些年增加了其专利投资。表 3 – 11 显示了过去 3 年，即 2011 年 1 月 1 日至 2013 年 12 月 31 日，捷邦公司与竞争者们的专利投资情况对比情况。

表 3 – 11　2011 ~ 2013 年捷邦公司与竞争者的对比情况

	2011 ~ 2013 年专利项目*总数	2011 ~ 2013 年收入/百万美元	2011 ~ 2013 年研发/百万美元	2011 ~ 2013 年研发/ 2011 ~ 2013 年收入	专利项目总数/2011 ~ 2013 年收入	专利项目总数/2011 ~ 2013 年研发
捷邦公司	33	3984	319	8.0%	0.0083	0.1034
思科系统	6006	137879	17253	12.5%	0.0436	0.3481
火眼公司	27	279	90	32.3%	0.0969	0.3005
飞塔公司	178	1582	247	15.6%	0.1125	0.7197
惠普公司	12485	359900	9788	2.7%	0.0347	1.2755
IBM	43689	311174	18786	6.0%	0.1404	2.3256
瞻博网络	1487	13482	3171	23.5%	0.1103	0.4689
迈克菲公司**（2011 年早期卖给英特尔）	179	3992	667	16.7%	0.0448	0.2684
微软公司	22656	221515	29265	13.2%	0.1023	0.7742
Palo Alto Networks	21	740	122	16.5%	0.0284	0.1715
Sourcefire（2013 年 7 月卖给思科）	32	519	94	18.1%	0.0616	0.3422
赛门铁克公司	1672	19826	2843	14.3%	0.0843	0.5881

续表

	2011~2013 年专利项目*总数	2011~2013 年收入/百万美元	2011~2013 年研发/百万美元	2011~2013 年研发/2011~2013 年收入	专利项目总数/2011~2013 年收入	专利项目总数/2011~2013 年研发
网感公司**（2013 年成为非上市企业）	40	1058	172	16.3%	0.0378	0.2321
平均（平均数）	6808	82764	6371	15.1%	0.0697	0.6091
平均（中位数）	179	3992	667	16.7%	0.0616	0.3481
捷邦公司与之相比如何（平均数）	专利组合平均数的0.48%	年收入平均值的4.8%	年度研发平均值的5.0%	平均值的53.0%（研发/收入）	平均值的12.3%（专利项目总数/收入）	平均值的17.0%（专利项目总数/研发）
捷邦公司与之相比如何（中位数）	专利组合中位数的18.4%	几乎与年度收入的中位数一样	年度研发中位数的47.8%	中位数的47.9%（研发/收入）	中位数的13.5%（专利项目总数/收入）	中位数的29.7%（专利项目总数/研发）
捷邦公司与之相比如何（排名）	与 Source-fire 公司并列第10	13 家企业中排名第8	13 家企业中排名第8	13 家企业中排名第11	最后一名	最后一名
2011~2013 年期间和主要竞争者相比的总结	在整个专利项目数上表现略差	在收入排名上没有明显的变化	在研发排名上没有明显的变化	在研发与收入之比的排名没有明显的变化	专利项目数与收入之比的排名恶化	专利项目数与研发之比的排名恶化

*"专利项目"的定义与表 3-10 中的定义相同。所有的专利项目都是 2011~2013 年的专利项目。

**迈克菲公司的财务信息是 2009~2010 年的，网感公司的财务信息是 2010~2012 年的。

关于捷邦公司在专利上的竞争地位，现在我们可以得出两点结论。这一信息随后被用来生成捷邦公司的基准。

第一，就研发在收入中的占比来看，捷邦公司相比于竞争者在研发上是投资不足的。捷邦公司仅仅只比两个比其大得多的竞争者做得要好一些——即惠普公司和 IBM，这两家公司在研发投资上的绝对值要比捷邦公司高得多，但相对于自身收入来说，研发强度较低。可能更重要的是，相比于行业中相对较小的独立业内公司来说，如火眼公司、飞塔公司、瞻博网络、Palo Alto Networks 以及网感公司，捷邦公司的研发投资水平是非常低下的。

第二，捷邦公司在研发上的投资不足将意味着可能在专利上也是投资不足的，而且情况确实如此。然而，捷邦公司在专利上的投资不足比起在研发上的投资不足来说，情况更为恶劣，以至于和其主要竞争者们相比，捷邦公司 2011～2013 年的专利总投资在收入和研发中的占比，似乎在排名上都是最后一名。事实上，专利上两个最弱的竞争对手——火眼公司和 Palo Alto Networks——似乎近年来正在增加在专利上的投资，这使得在 2011～2013 年，捷邦公司成为最后一名。❶

第二步要求对专利成果以及暗含的投资规模进行判断。专利成果已经显示在表 3－10 和表 3－11 中。关于这些成果所需要的财务投资，我们能说什么呢？

需要设定一定假设来填补知识的空白，并且防止过程变得太过复杂而没办法得出结论。特别是，假定一家企业在任何一年的投资都包括每件美国专利 30000 美元的满载成本以及其他所有专利项目、包括美国的申请、欧洲专利和专利申请、德国专利和专利申请、日本专利和专利申请以及向世界知识产权组织提交的 PCT 国际申请，每个专利项目的成本为 15000 美元。对美国专利和专利申请所设定的假定成本是合理的。对于其他专利项目设定的假定成本也是合理的，考虑到假定美国企业几乎总是先在美国提交申请，然后转向非美国部分的申请。既然大部分的主要工作已经在美国申请中完成了，非美国的申请的成本应该会减少。

利用这些假设，并且运用关于专利申请和财务状况的公开可获得的信息，现在可以判断，捷邦公司以及它的主要竞争对手们 2011～2013 年这 3 年期间已经在专利上投资了多少钱（见表 3－12）。

---

❶ 在某些情况下，一家企业在专利上的投资情况可以反映出这家公司的财务状况。在专利上投资相对较少可能意味着该企业的财务状况薄弱，而在专利上投资相对较大可能意味着该企业的财务实力雄厚。然而，这一推断主要针对非上市企业有用，对上市企业没用。上市企业在任何情况下都必须公开它们的财务业绩。一家上市企业的财务状况可以从其公开的信息中看得一清二楚，所以从专利投资情况推断其财务状况几乎是毫无必要的。例如，在该案例中，捷邦公司的专利投资情况相对较差，但正如表 1－2 中所示，该企业在 2007～2013 年的收入增长非常好，并且其公布的财务状况也显示该企业在销售上始终保持了很高的利润空间。对于一家营利的企业来说，2007～2013 年的收入超过了 75 亿美元，并且在研发上的投资超过了 7 亿美元，那么 300 万美元的专利总投资额简直就是非常低了，并且专利投资额并不能反映该企业的财务状况。

表 3 – 12 2011 ~ 2013 年捷邦公司与竞争者的专利投资

	专利项目总数/个	美国专利/件	其他专利项目/个	总的专利投资额/百万美元*	专利投资额占收入的百分比	专利投资额占研发的百分比
捷邦公司	33	21	12	0.8	0.0203%	0.25%
思科系统	6006	3084	2922	136.4	0.0989	0.79%
火眼公司	27	12	15	0.6	0.2100%	0.65%
飞塔公司	178	91	87	4.0	0.2550%	1.63%
惠普公司	12485	4296	8189	251.7	0.0699%	2.57%
IBM	43689	19586	24103	949.1	0.3050%	5.05%
瞻博网络	1487	865	622	35.3	0.2617%	1.11%
迈克菲 (2009 ~ 2010 年)	179	105	74	4.3	0.1067%	0.64%
微软公司	22656	8610	14046	469.0	0.2117%	1.60%
Palo Alto Networks	21	11	10	0.5	0.0649%	0.39%
Sourcefire	32	13	19	0.7	0.1300%	0.72%
赛门铁克公司	1672	1121	551	41.9	0.2113%	1.47%
网感公司 (2010 ~ 2012 年)	40	14	26	0.8	0.0765%	0.47%
平均（平均数）	6808	2910	3898	145.8	0.1555%	1.34%
平均（中位数）	179	105	74	4.3	0.1300%	0.79%
捷邦公司与之相比如何（平均数）	少得多	少得多	少得多	少得多	捷邦公司是平均数的13.1%	捷邦公司是平均数的18.7%
捷邦公司与之相比如何（中位数）	少得多	少得多	少得多	少得多	捷邦公司是中位数的15.6%	捷邦公司是中位数的3.7%
捷邦公司与之相比如何（排名）	与 Sourcefire 并列第10	13 家企业中排名第9	13 家企业中排名第12	少得多	最后一名	最后一名
2011 ~ 2013 年和主要竞争者相比的总结	在整个专利项目数上表现差		捷邦公司更多专注于美国专利	捷邦公司的投资额落后了	投资很弱	投资很弱

* 如前文所述，假定美国专利每件需 30000 美元投资；其他专利项目每个需 15000 美元投资。

在表 3 - 12 中，专利成果和暗含的专利投资规模都已经被判断并呈现。第二步操作完成。

第三步——生成投资和/或成果的基准

在竞争性的专利预算方法中，每家企业必须基于以下几个因素生成自己的基准。

（1）竞争性行为：捷邦公司主要竞争对手的专利成果和专利投资情况已经在上面展示。和其他 12 家主要竞争对手的任意一家企业相比，捷邦公司都显示了非常严重的专利投资不足的问题。

（2）行业和市场因素：如上所述，例如像成立时间短、新技术、高技术强度的行业、增长的市场以及其他的因素都会表明科技企业的基准总体上应该比平均的 1.00% 的基准要高。可以根据这些因素制定指数，但最重要的考虑是企业对这些因素的看法。

（3）企业的战略：到目前为止，捷邦公司的专利战略是在早期撰写两件卓越的专利，然后仅以所需的最低限度从事专利活动。企业可能继续其与专利相对脱离的状态，或者它也可能选择另外的方式。例如，企业可以决定在近些年至少要匹配在专利上的竞争性投资——这将要求企业提高投资，从研发的 0.25% 提高到研发的 0.79% ~ 1.34% 区间的水平。换句话说，企业不得不将专利活动提高至 200% ~ 400%，意味着和现在水平相比，总的年度投资额至少要在 100 万 ~ 150 万美元。

或者，企业可能决定不仅想要匹配现在的投资水平，事实上还想要填补过去累积的投资水平的缺口。然而，这将要求至少 2000 万美元的投资，而且实际上可能需要更多。对于捷邦公司来说，这个金额相当于年度研发预算的大约 6%。这样一笔金额可能确实会被投资，但几乎肯定不会在一年内完成投资，而且也不会仅仅投资于内部发明。其他公司每年在专利上的投资要比 2000 万美元多得多，事实上像高通公司和 IBM 这样的企业确实以这样的水平，按照研发的一定比例进行投资，但捷邦公司没有这样做的传统。事实上，专利缺口的填补需要制订一个多年度的计划，包括增加内部发明的投资以及从外部购买相关专利。

第三个方法是让企业成为一个专利上的领导者，就像该企业在防火墙保护的产品和服务上已经成为领导者一样。考虑到企业的历史和现状，这个方法仅仅是个假设，但也可以实际完成。

2013 年，捷邦公司的利润率为 55%，税前营业收入为 7.61 亿美元。现金流状况更为强劲，2013 年经营活动中产生的现金为 8.11 亿美元。捷邦公司的财务资源可以支持实施其想要的、关于专利的任何战略，但需要对专利的选择和实施作出明智的决定。

要么基于预期的结果，要么基于预期的投资，投资基准的制定将遵循捷邦公司对于竞争的看法、行业和市场要素以及企业的战略。在这一行业，"专利投资为年度研发投资的1%"这一基准将是一个大概的平均基准。按照上面讨论的原因，捷邦公司可能决定制定高于1%的基准。相反，也可能继续以大约0.25%的水平进行投资，但这将仅仅是在延续政策上的不作为。

第四步——制订企业的专利投资计划，然后规划预期的成果（自上而下的预算方法）；或者规划企业预期的成果，然后决定所需的投资（自下而上的预算方法）。

无论是基于投资或者成果，投资基准仅仅是一个总体的数字。还需要作出关于在哪里投资、什么时间投资、投资什么产品和技术的具体决策。这些细节中很多部分的敲定可以通过捷邦公司对其竞争者的了解，特别是对竞争者专利申请中强调的地理区域以及产品的了解来推动。

无论是首先决定对企业来说充裕的投资水平，然后规划期望的专利成果（自上而下的预算方法），或者首先决定期望的专利成果，然后决定预期的成本（自下而上的预算方法），一个专利预算都需要被完成。在规划和实施过程中，投资以及成果都将被拿来与捷邦公司主要竞争对手的专利活动相比。

在上面的例子中，数据和基准是为了捷邦公司主要竞争对手们的整体专利组合而创设的。而信息的搜集以及基准的生成可以通过以下方式实现：①按照特定国家；②按照一种或多种特定的产品；③按照特定的技术；和/或④为了已授权专利与未决（并且已经公布）专利申请的对比。

类别①中的公开数据当然可以找到——至少在许多主要的国家可以找到，并且类别④中的已公布的专利申请的公开数据也是存在的（尽管未公布的专利申请的数据不存在）。类别②按照产品和类别③按照技术，需要在各类产品和技术中将竞争对手的专利项目进行划归。这一划归的过程可以由技术专家来完成，或者通过使用特定搜索词自动完成划归过程，或者运用各类技术分类编号来自动完成划归过程。❶ 尽管可以为各种各样的专利组合生成基准（按照特定国家、特定技术或者特定产品和服务），但在这里展示的例子中并没有生成

---

❶ 专利可以根据美国专利分类号以及国际专利分类号进行归类。这两种分类号可以单独或共同用来将竞争者的专利划归为不同的产品以及技术类别。然而，与专利项目相关联的分类号并不是完美的，并且当然也不是为了一家企业可以详细评估其竞争对手的专利组合这一目的而量身定制的。同时，通过技术专家评估竞争对手的专利很明显比通过搜索词或者技术分类编号完成自动评估要高级，但专家评估比自动评估也要昂贵得多。每家企业在评估竞争对手的专利时都必须决定在每种情况下用什么类型的评估更有保障。

不同的基准。

案例 2——电子签名行业

Silanis 科技公司的专利组合已经在第一章中介绍并讨论过了。Silanis 科技公司所经营的领域有时被称为"电子签名行业"。该行业提供电子文件的鉴定服务。这一业务有时也被认为是"软件即服务"（SaaS）类业务的一个例子。❶

这一行业是阐述竞争性专利预算方法的第二个例子的非常适合候选行业，因为这一行业和捷邦公司的防火墙行业非常不同，并且这两个行业各自的竞争性分析中的问题也是非常不同的。我们仍然将一步一步地讨论预算过程。

第一步——选择相关的企业群体

基于各类可以公开获得的报告，也许可以将表 3 – 13 中的公司都认定为既是电子签名行业的成员，❷ 也是在专利投资上最相关的比较对象。❸

---

❶ 笔者并不是这一业务领域的专家。笔者粗浅的理解是，"电子签名"就是发送一条电子信息，在该电子信息中，发送者打算在某些方面通过该电子信息受到约束——法律上或财务上或道德上。这样的一个签名可以根据各种各样的数字算法进行加密。SaaS 是一个不断增长的业务模式类型，这种业务模式并不是销售软件，而是向用户提供服务。用户要么每次支付固定的费用，要么支付使用费。在 SaaS 中，基本上所有的操作软件都由服务提供商主导，这就意味着顾客的"客户端设备"必然是"薄弱的"，而服务器必然是"强大的"。换句话说，强大的服务器执行了大部分的系统操作，而非由薄弱的客户端执行。对于电子签名行业的这一简短的描述已足以为我们在这里的讨论所用。

❷ 除了其他资源以外，下面的这些资源可以帮助识别那些可以被包含在形成基准的企业群体中的、可能的候选企业，并且为表 3 – 13 提供总体的背景信息：①电子签名行业的 6 家企业的表格，可以通过 www. g2crowd. com/categories/e – signature 获取；②网站 www. crunchbase. com 提供了关于许多非上市企业的一般信息；③由弗雷斯特研究公司的克雷格·勒·克莱尔（Craig Le Clair）发布的 17 页的报告，报告题为《电子签名，2013 第 2 季度》（*E – Signatures*，Q2 2013），该报告可以通过 http：//274a0e7125acf05720ef – 7801faf96de03497e5e – 0b3dfa5691096. ssl. cf2. rackcdn. com/ForresterWaveeSignature. pdf 获取；④电子签名和记录协会列出的企业成员名单，可以通过 http：//www. esignrecords. org/? page = ESRAmembers 获取，但这些企业中的一部分是提供支持性业务而不是数字或电子签名服务的。我在 2014 年 11 月 15 日最后一次浏览了所有这些资源。

❸ 在当今的网络世界，积累一份可能候选企业的名单通常并不是很难。然而，如何筛除不相关且具有干扰性的企业来创建一份高质量的企业名单才是问题所在。例如，在该案例中，电子签名和记录协会列出的成员企业共有 29 家，但是很显然其中的一部分企业并不是解决方案供应商，因此笔者必须作出选择。为了创建出表 3 – 13 中的竞争对手名单，笔者选择了看起来最为相关的企业。然而，笔者并没有在这一业务领域工作。这一领域的一家企业——例如 Silanis 科技公司，为了比较专利投资，有可能会创建一份不同的并且可能会更加高级的竞争对手名单。

这里呈现的例子，其目的并不是判断 Silanis 科技公司具体的优势或者劣势，而是证明一家活跃在拥有许多其他非上市公司的领域的非上市企业可以如何对比这一行业中的其他企业来计划自己的专利投资。Silanis 科技公司的这个例子和竞争性预算方法的第一个例子存在很大不同：第一个例子是防火墙行业，这一行业里几乎都是上市企业，而电子签名行业则几乎都是非上市企业（或者在其中一个例子中是一家上市企业的一个部门，其特定的业务信息很难获取）。

表 3-13　电子签名行业的成员

企业名称	企业状况	可获得的信息
1. Alpha Trust	非上市企业	1999 年成立
2. Ascertia	非上市企业	2001 年成立，有 30 名员工，位于英国
3. AssureSign	非上市企业	2008 年成立，有 60 名员工
4. DocuSign	非上市企业	2003 年成立，至 2014 年资金总额为 2.1 亿美元。传闻在 2014 年 3 月的价值为 16 亿美元。员工人数从 2012 年的 100 名增加到 2014 年 3 月的 700 名。传闻 2012 年的销售额为 4000 万美元，2014 年的销售额为 1.1 亿~1.2 亿美元。
5. EchoSign（被奥多比公司（Adobe Systems Incorpcrated）收购）	非上市企业（2011 年被上市公司奥多比公司收购）	2005 年成立，在 2011 年被奥多比公司收购之前拥有 900 万美元的资金。奥多比公司宣布 2012 年的预期年收入至少为 5000 万美元，2014 年的预期年收入至少为 1.6 亿美元
6. eSettlement Solutions	非上市企业	2008 年成立，利基公司（在细分市场内经营的企业）——仅限于房地产交易，并且集中在马里兰州/哥伦比亚特区/弗吉尼亚州
7. RightSignature	非上市企业	2009 年成立，没有明显的外部资金
8. RPost	非上市企业	2000 年成立。拥有 290 万美元的资金。至少卷入了 20 起专利侵权诉讼或者没有侵权的宣示判决
9. Sertifi	非上市企业	2005 年成立，有 11 名员工，年收入估计为 500 万~1000 万美元
10. Signiant	非上市企业	2000 年成立，有 75 名员工，拥有 1000 万美元的资金
11. SIGNiX	非上市企业	2002 年成立，拥有 280 万美元的资金。ProNVest, Inc. 公司的子公司，该公司是一家金融咨询公司，很明显与数字商务或者电子签名不相关
12. Silanis Technology	非上市企业	1992 年成立，曾在英国 AIM 市场上市，2013 年 6 月变为非上市企业。和 2011 年上半年的 730 万美元的收入和 190 万美元的研发支出相比，2012 年上半年的收入为 330 万美元，研发支出为 280 万美元。❶该企业拥有 100 名员工

捷邦公司所在的防火墙行业中，所有的主要竞争对手都是上市公司，而在电子签名行业，所有的主要竞争企业都是非上市公司。确实，EchoSign 公司现在属于上市公司奥多比公司的一部分。这确实会对下面所要讨论的内容产生一定影

❶　从 2012 年 1 月 1 日至 2012 年 6 月 30 日的 Silanis 科技公司的财务信息来自 2012 年 9 月 5 日的新闻报道，参见：Silanis Intl SNS Interim Results［EB/OL］.［2012-09-05］（2014-11-15）. http：//www. bloomberg. com/bb/newsarchive/aOmgOCN6MNdg. html.

响，但这一事实并不能帮助识别专门用于电子签名行业的信息。Silanis 科技公司之前在伦敦证券交易所的 AIM 市场时的企业状态仅仅能提供有限的财务信息。判定行业的决定因素并为专利基准寻找到合适的企业群体是非常具有挑战性的。

这里存在两个独立的问题。

第一，不清楚哪家企业是真正处于这个行业内的企业。eSettlement Solutions 公司应该出现在名单上吗？RPost Holdings 公司提供"安全电子邮件"，而电子签名似乎是其中非常小的一部分——该公司应该出现在名单上吗？还有许多其他的公司也提供加密技术或者其他数据安全产品或服务。它们没有出现在上面的名单上，但应该加上它们吗？尽管这一行业的界限有点模糊，几乎所有的主要参与者都是非上市企业，但有可能 Silanis 科技公司和行业中的其他业内企业对于谁是主要的竞争对手却有清晰的认知。对于想要评估这一行业的外来者来说，确认业内企业是一个很难的问题，但可能对于这一领域内的企业来说并没有多困难。

第二，即便有可能明确这一行业内的参与企业，怎样评估这些企业来决定（研发/收入）、（专利投资/收入）以及（专利投资/研发）的基准？这些非上市企业的财务信息很明显是不公开的。零散的数据，例如像上面列出的员工数量或者投资水平这样的数据，可能会帮助解决第一个问题——明确这一行业的参与企业，但它们并不能帮助专利投资生成财务基准。

在这样的情况下，我们别无选择，只能直接找到所涉及企业的专利信息来看看是否能生成一个基准。无论这些企业的状况是大公司还是小企业，是上市公司或者非上市企业，企业的已授权专利和已经公布的专利申请的信息总是可以获得的。❶

---

❶ 据笔者所知，在各个国家，每件已授权专利都必须是公开并且向公众开放的。然而，专利所有者权益的情况却并非如此。对于所有者权益来说，关于专利的公开信息的获取依赖于如下两个假设条件。

第一，专利权已经转让给所有人。在某些国家，专利权的转让必须在专利局记录在案。在另外一些国家，转让不是必须的，但是只有当转让首次被记录时，受让人才能实施专利权。在美国，专利权转让的记录通常都是自愿的。这也就意味着事实上如果专利权转让没有被记录在案，这次转让就没有公开的记录，并且不能按照这里建议的方式被用来创建专利基准。笔者的经验是，企业几乎都需要对专利权转让进行记录，但笔者并不知道有任何这方面的研究。

第二，专利权的转让已经被记录在案，同时被列为"受让人"的一方是真实利益方。情况并非总如此。企业有时候会创立一个毫无价值的实体来持有专利利益，以这种方式来隐藏真实的所有权。有各种各样的原因来解释这一现象。例如，一家企业可能不想公开其对特定专利的兴趣以便能隐藏企业的战略，或者防止特定专利的价格迅速上涨。根据我的经验，运营企业——例如在这里列出的那些企业——通常不会隐瞒它们作为专利利益所有者的身份，但是笔者再次说明：笔者并没有研究来证明这一点。

尽管如此，这两个假设都是合理的。因为根据笔者的估计，大多数的运营企业会记录专利权的转让，并且会通过列出真实的权益所有者的方式。然而，未决申请的情况却并非如此。在世界上大多数地方，专利申请仅在优先权日之后的 18 个月内公开信息，在美国，可以选择在专利被授权之前阻止任何申请信息的公开。因此，总的来说，为了创建专利基准，使用已公布的专利以及由运营企业所拥有的专利会提供极好的信息，使用已公布的专利以及所拥有的专利申请会提供合理的但并非完美的信息。

第二步——判断这些竞争者们的专利成果及暗含的投资规模

在几乎没有行业中关于企业的公开信息的情况下，专利基准的生成几乎一定是唯一地依赖于专利信息而不是专利和财务信息的结合。对于各家生成基准候选公司的专利组合，笔者已经评估了美国专利、美国专利申请、欧洲专利项目、德国专利项目、日本专利项目以及 PCT 国际申请。❶ 同时笔者也评估了各家公司的专利诉讼活动。表 3－14 显示了评估的结果。

表 3－14　电子签名行业的专利组合

企业	专利组合	评价
1. Alpha Trust	0 个专利项目	—
2. Ascertia	0 个专利项目	—
3. AssureSign	1 件美国专利，专利号为 US8612763。估值＝30000 美元	长而复杂的独立权利要求，可能不能抓住任何可能的侵权者
4. DocuSign	7 件美国专利，16 项美国申请；7 项欧洲专利项目以及 18 项 PCT 国际申请＝48 项专利项目估值＝825000 美元	（1）质量有好有坏：有 2 件专利拥有很好的权利要求，5 件专利的权利要求中等到较弱。有些专利是高被引专利（但并不是拥有最好权利要求的专利） （2）专利组合很大程度上面向美国 （3）7 件专利中的 3 件是从别处购买的 （4）DocuSign 公司已经针对 Health Applications 公司、RPost 公司、Sertifi 公司以及 Yozen 公司提起了专利侵权诉讼
5. EchoSign（被奥多比公司收购）	EchoSign：6 件美国专利（包括有 3 件专利转让给了奥多比公司）；1 件美国申请（1 件转让给了奥多比公司）＝7 个专利项目。估值＝195000 美元。奥多比公司在 2014 年 6 月 30 日：2274 件美国专利，1561 件美国申请；377 个欧洲专利项目；127 个德国专利项目加上 128 个日本专利项目；233 件 PCT 国际申请＝4700 个专利项目估值＝1.05 亿美元	EchoSign 公司专利组合（包括转让给奥多比公司的 4 个专利项目）中的专利从中等到非常好都有。从规模来看，该专利组合的质量相对较高。然而，该专利组合全是美国专利，并且专利非常小。这个专利组合本身不能被用作侵略性工具来产生收入或者市场份额。同时，EchoSign 公司的专利组合用来防御也是不足的，因为专利组合的规模较小，并且一个拥有 1 亿美元以上销售额的市场领导者将会成为吸引竞争者们以及专利货币化者们的目标。然而，这个专利组合拥有奥多比公司资源的支持——任何的诉讼都可以被完全抗辩，奥多比公司可以购买任何一件用来反诉另一家企业的专利。总的来说，尽管规模较小，并缺乏非美国专利，但拥有奥多比公司的支持，这件专利用于防御目的的可能是足够的

❶　这些专利项目可以通过网站 www. freepatent－sonline. com 进行详查。

企业	专利组合	评价
6. eSettlement Solutions	0 个专利项目	—
7. RightSigniture	3 件美国申请；2 件欧洲专利申请；2 件 PCT 国际申请 =7 个专利项目。估值 =105000 美元	所有专利项目都是在 2010 年 10 月 20 日提交的。没有已授权专利，所以没有诉讼的权利。已经公布的申请拥有非常长而且复杂的独立权利要求，可能不能抓住任何可能的侵权者
8. RPost	20 件美国专利；25 件美国申请；6 个欧洲专利项目；2 个德国专利项目；2 个日本专利项目；4 件 PCT 国际申请 = 59 个专利项目。在其他国家提交的申请包括 2 个在澳大利亚，7 个在亚洲（中国、印度、韩国）；21 个在欧洲（奥地利、比利时、瑞士、德国、法国、爱尔兰、意大利、卢森堡、荷兰、西班牙、英国），2 个在北美（加拿大、墨西哥）= 32 个专利项目。总的专利项目 = 59 + 32 =91 项。估值 =1665000 美元	（1）和这个行业中的其他专利组合相比，这是一个相对较大的专利组合，地理覆盖包含了 4 个大陆 （2）专利实力是非常混杂的。有些专利的实力从表面看似乎是相对较强的，但有些专利的实力则相对中等或较弱 （3）专利非常集中在电子邮件的各个方面，包括电子签名，因为电子签名和电子邮件有关 （4）在过去的 5 年中，RPost 公司已经至少卷入了 27 起专利诉讼中——在 22 起诉讼中起诉了至少 27 家企业，在至少 4 起诉讼中因为非侵权行为的宣告判决而被起诉，并且至少在一起专利诉讼中成为被告*。进行这类诉讼的成本很容易就超过了创建 RPost 公司专利组合的总成本，但诉讼成本可能会通过律师的应变措施有所减少，并且可能被 RPost 公司期望获得的许可收入抵消
9. Sertifi	0 个专利项目	—
10. Signiant	4 件美国专利；1 件美国申请 =5 个专利项目。估值 =135000 美元	长而复杂的独立权利要求，可能不能抓住任何可能的侵权者
11. SIGNiX	2 件美国专利；1 件美国申请 =3 个专利项目。估值 =75000 美元	长而复杂的独立权利要求，可能不能抓住任何可能的侵权者

续表

企业	专利组合	评价
12. Silanis	6 件美国专利；3 件美国申请；11 个欧洲专利项目；5 个德国专利项目；10 件 PCT 国际申请；3 件加拿大专利；12 件加拿大申请 = 50 个专利项目。 估值 = 1040000 美元	最早的专利项目 US5606609 非常强大，是在 2000 年从科学亚特兰大公司购买的，但在 2014 年 9 月到期了（所以可能是被用来获得赔偿，但可能不能被用来获得针对任何侵权者的禁令）。其他的专利质量都是中等水平，关注的都是验证和传输文件

＊RPost 公司的大多数诉讼都在 RPost 公司的网站上有报道，网址为 http：//www. RPost. com/about – RPost/intellectual – property/infringement – actions（最后一次浏览在 2014 年 11 月 15 日）。其他的诉讼是运用搜索词"RPost"和"专利侵权"进行一般的搜索发现的。2009～2014 年，RPost 公司已经卷入了与奥多比系统公司、美国在线公司、加拿大邮政公司、Comprova、Constant Contact、DocuSign、Echo-Sign、Epsilon Data Management、ExacTarget、Exprian、Farmers Insurance、Globalpex、GoDaddy. com、Goodmail、Infogroup、Innovapose、j2 Global、Pointofmail. com、Privasphere、ReadNotify、Responsys、RightSignature、StrongMail Systems、瑞士邮政、Symantec、趋势科技公司、Trustifi、Vocus、雅虎公司以及 Zix Corporation 的专利诉讼中。可能还有其他的诉讼，但这些是笔者能确认的诉讼。其中的有些已经结案，还有一些仍然在继续，直到 2014 年 11 月。RPost 还卷入了额外的兰哈姆法案下的指控商标侵权和虚假广告诉讼中。

尽管缺乏可靠的财务信息，但从表 3 – 14 提供的信息中可以生成一个专利基准吗？首先注意，这 12 家企业自然地分成了 3 个组别。

第一组包含了没有专利或者专利申请的企业。这些企业包括 Alpha Trust、Ascertia、eSettlement Solutions 以及 Sertifi。这些企业很明显和生成专利基准的目的不相关。

第二组中包含企业的专利组合不仅规模小，而且缺乏能够创造巨大价值或者为竞争者带来威胁的"突破性专利"。这类企业包含 AssureSign、RightSigniture、Signiant 以及 SIGNiX。它们拥有的专利或专利申请数量较少，并且大部分专利是不相关的。

第三组包含的企业是拥有强大专利组合的企业。这类企业中的每一家企业——DocuSign、EchoSign、RPost 以及 Silanis——都是独特的并且必须被单独考虑的。

DocuSign 公司是产品市场中的领导者之一，总投资额超过 2 亿美元，普遍认为的市场价值为 16 亿美元，2014 年的销售额预计超过 1 亿美元。该企业拥有一个大约包含 48 个专利项目的专利组合，根据笔者的估计，总投资额比 100 万美元少一点点。在该企业的专利组合中，大约有 50% 是美国专利，值得注意的是。该企业在 2013 年购入了其 7 件美国专利中的 3 件，事实上，这 3 件专利拥有最早的优先权日。这家企业不是特别爱打官司的企业，但偶尔也会提起诉讼。Do-cuSign 公司卷入了两起针对 RPost 公司的专利侵权诉讼中——在其中一起诉讼中，DocuSign 公司是被告；在另外一起诉讼中，DocuSign 公司是原告。DocuSign 公司带给我们强烈的印象就是其想要专注于产品方面，并在专利上——包括专利组合和专利诉讼上——进行投资作为对其产品战略的支持。该企业的战略是以市场为主导，专利战略是创建防御型专利组合以防止对企业战略的破坏。

EchoSign 公司也是一个产品领导者，2014 年的销售额估计超过 1.5 亿美元。该企业专利组合的质量看起来相对较高，但规模明显太小以至于不能给这个行业带来什么影响。无论是出于侵略性或防御性的目的，EchoSign 公司的专利组合对于一个产品领导者来说明显是不足的。这个情况在 2011 年发生了改变，这一年奥多比公司收购了 EchoSign 公司。这使得 EchoSign 公司不仅拥有它自身的 7 件美国专利，总投资额大约为 20 万美元，而且还拥有了奥多比公司的支持。奥多比公司是一家年销售额超过 40 亿美元的上市公司，并且拥有由大约 4700 件专利组成的专利组合，其中包含了超过 3800 个美国专利项目。EchoSign 公司现在处于卓越的防守位置，并且拥有一些相当好的专利，有机会获得更多的专利，有能力购买额外的专利以及在诉讼中进行抗辩所需要的资源。尽管奥多比公司和 EchoSign 公司已经被 RPost 公司起诉，但对于 EchoSign 公司来说专利诉讼不应该成为极大的顾虑。当一家企业成为了产品领导者，但也是一个专利追随者时，该企业就已经到达了一个决策点。一种选择是将企业以一个好价钱卖给一家大公司，大公司可以承担专利和专利诉讼的负担。笔者并不知道奥多比公司收购 EchoSign 公司的动机是什么，也不知道为什么 Echo-Sign 公司会同意被收购，但其带来了两方面影响：奥多比公司获得了更宽泛的产品线❶，并且 EchoSign 公司消除了任何关于专利诉讼极大的顾虑。

就达到生成专利基准这一目的而言，EchoSign 公司情况并不是特别有帮助

---

❶ 奥多比公司在其 2011 年的 10 - K 年报第 11 页中陈述如下：

"我们文献服务战略的另一个方面就是瞄准被用来签署合同的电子签名市场。在 2011 财政年度，我们收购了 EchoSign 公司。该公司是一家基于网络的、按需服务的电子签名解决方案的供应商。利用一个不需要扫描软件、签名板或者数字证书的简化模型，每个月 EchoSign 公司被用来签订接近 100 个合同。我们打算将 EchoSign 公司的解决方案融入我们提供的产品中，这将成为我们 2012 财政年度增加文件服务和云计算收入的奠基石。另外，通过让数百万计的奥多比阅读器的用户体验基于云计算的 EchoSign 公司的产品的性能，我们相信我们可以大幅度增强客户对我们解决方案的认知，特别是在纸质文件与通宵特快专递仍然被使用更广泛的合同交付以及签名市场。"

很明显，奥多比公司收购 EchoSign 公司最主要的原因就是一条宽泛的产品线。奥多比公司可能并没有被 EchoSign 公司的小规模专利组合所吸引，而且事实上，缺少重大专利组合可能还降低了奥多比公司的收购价格。

的。该企业的专利组合并不充分，并不是通过专利投资，而是通过与大企业联合来补救了专利组合不充分的问题。如果 Silanis 科技公司选择将自己卖给行业中的另一家企业，EchoSign 公司将是一个很好的典范，否则的话，EchoSign 公司的专利组合对于 Silanis 科技公司来说并不是一个好的信号。

　　RPost 公司展示了一幅与 DocuSign 公司或者 EchoSign 公司都完全不同的画面。RPost 公司与 DocuSign 公司是相似的，因为它也在专利上投资巨大。笔者估计该企业在其专利组合上的投资大约为 1665000 美元，产生了大约 91 个专利项目，其中一半左右是美国专利，剩余的专利遍布亚洲、澳大利亚、加拿大、欧洲以及墨西哥。然而，RPost 公司与 DocuSign 公司在根本上又是不同的，因为 RPost 公司的整个存在似乎都集中于它的专利而非产品。该企业的第一次专利侵权诉讼似乎在 2009 年 9 月已经开始，自从那时开始，该企业以专利侵权、商标侵权以及虚假广告为理由已经提起了超过 20 起法律诉讼。笔者没有发现存在产品销售的任何证据，或者发现任何该企业强调产品的证据。❶另一方面，至少在过去几年中，RPost 公司强调的重点似乎是专利许可而非产品销售。在 2011 年 9 月 26 号发布的一个网络采访中，RPost 公司的首席执行官扎法尔·汗先生被问到，"该企业的竞争态势如何？"扎法尔·汗先生回答如下。

　　"我们拥有已经在 21 个国家被授权的 35 件专利。我们的专利日期很早，我们坚信，在我们所关注的市场中，电子邮件的法律证明市场，可以扩展至不同的业务领域，或者和电子邮件相关的涉及电子签名和加密技术的交易市场，专利给予了我们广泛的权利要求。当然现今有很多竞争者们想要进入市场，也有很多竞争者处于市场的边缘。"（采访原文中即用粗体字强调）❷

　　在"竞争态势"的这一定义中，并没有讨论任何特定的技术、特定的产品、市场利基，或者与通常被看作企业战略或"竞争态势"的相似的方面。引文中整个强调的，以及在采访中剩下的部分所强调的，都是为企业的早期研发努力和发明谋取补偿。这一方法既不是以产品为导向，也不是同时以产品和专利为导向。通过上面的陈述，尤其是通过过去 5 年来该企业的行为来看，RPost 公司是

---

　　❶ 笔者并不能也并不是说没有任何证据显示 RPost 公司销售产品，只是笔者并没有找到任何证据。很明显，RPost 公司至少是有一些产品的。弗雷斯特研究公司在其标题为《电子签名，2013 年 4 月》（*E - signatures*, *April* 2013）的评论中的第 8 页、第 11 页以及第 13 页都讨论了 RPost 公司的电子签名服务，但这一产品是在 2002 年发布的，而弗雷斯特研究公司的评论中并没有提供任何的销售数据。

　　❷ 《如何创建一个强大的知识产权组合：RPost 公司首席执行官扎法尔·汗（第 5 部分）》（*How to build a strong IP portfolio: RPost CEO Zafar Khan* (*Part5*)），斯拉马纳·米特拉（Sramana Mitra）的采访，来自于 1Mby1M 的博客，可以通过 http：//www. sramanamitra. com/2011/09/26/how - to - build - a - strong - ip - portfolio - RPost - ceo - zafar - khan - part - 5/获取（最后一次浏览是在 2014 年 11 月 15 日）。

程度很深的专利导向型企业。可能这就是为什么该企业已经创建了 91 个专利项目的专利组合，而且，相比最接近的竞争对手 DocuSign 公司（4 个项专利项目）以及 Silanis 科技公司（50 个专利项目）的任何一家来说，其专利组合要大得多。RPost 公司在美国专利项目上的优势甚至要更大——RPost 公司的 45 件美国专利对比 DocuSign 公司的 23 件美国专利和 Silanis 科技公司的 9 件美国专利。

　　Silanis 科技公司与该行业中的其他 3 家主要的专利持有者是不同的。Silanis 科技公司看起来至少拥有一些杰出的产品。在弗雷斯特研究公司 2013 年第二季度的报告中的第 11 页显示，Silanis 科技公司的产品企业电子签名、生活电子签名以及电子签名桌面，在电子签名捕获上都排名第一，在当前特征上排名第二（仅次于 DocuSign 公司的"企业版"），在战略上和 DocuSign 公司并列第一，并且在市场份额上排名第二（仅次于 DocuSign 公司）。仍然是根据这一报告中的第 11 页，Silanis 科技公司的主要问题似乎并不是产品缺陷，而是缺乏"全球支持"。如果这一问题得到解决，那么，根据弗雷斯特研究公司提供的信息，Silanis 科技公司将在当前特征上排名第一，总体排名也将是第一。

　　然而，尽管拥有很明显的产品优势，Silanis 科技公司在产品市场上是否成功仍未可知。该企业最新的一份销售报告显示其 2012 年上半年的销售额为 330 万美元，和 DocuSign 公司以及 EchoSign 公司/奥多比公司在 2014 年预期销售额在 1 亿美元以上的成绩相比显得那样苍白无力。Silanis 科技公司报告有 100 名员工，几年来这一数字并未发生明显变化，但这也不是一个能和数千万美元的年销售额相称的数字，当然也没法和 DocuSign 公司以及 EchoSign 公司预期的上亿美元的销售额相比了。❶ 或者考虑通过投资进行比较。超过 2 亿美元的

---

　　❶ 对 Silanis 科技公司及其他加拿大公司的介绍参见：Canadian Advanced Technology Alliance. Canadian advanced security industry：industry Profile 2003 ［EB/OL］.（2014 – 11 – 15）. http：// www. cata. ca/files/PDF/pssf/rapport_canada. pdf. 该报告在第 150 页中提到，Silanis 科技公司拥有 65 名员工，年收入在 500 万～2500 万美元之间。这是在 2003 年。然而，根据加拿大政府的另外一项报告，Silanis 科技公司在 2013 年 4 月 9 日的员工人数是 35 人。该报告可以通过 http：//www. ic. gc. ca/app/ccc/srch/nvgt. do？lang = eng&prtl = 1&sbPrtl = &estblmntNo = 123456179276&profile = cmpltPrfl&profileId = 2056&app = sold 获取（最后一次浏览是在 2014 年 11 月 15 日）。换句话说，看起来似乎 Silanis 科技公司的员工数量在 2003～2013 年缩水了接近 50%。然而，Silanis 科技公司自己却称它拥有一个"不断增加的接近 100 名员工的团队……" Silanis 科技公司的网站是 http：//www. silanis. com/about – us/profile – history（最后一次浏览是在 2014 年 11 月 15 日）。2003 年的员工总数为 65 人，2013 年为 35 人，2014 年底为接近 100 人，这证明了一个问题——利用员工人数作为代表销售额的指标本质上是不可靠的。然而，即便假定员工人数已经从 2003 年的 65 人上涨到 2014 年的 100 人，对于一个急速发展的市场来说，员工人数的增加则显得相当有限。如果 65 名员工在 2003 年产生了 500 万～2500 万美元的收入，那么类似地，"接近 100 名"员工在 2014 年可能能产生的年销售额的范围应该在 800 万～3800 万美元之间。这个范围看起来并非不合理的，特别是这个范围的上限就意味着每名员工每年的销售额可能有 40 万美元之多。然而，问题是从竞争的角度来看，即便是 3800 万美元的上限，和 DocuSign 公司以及 EchoSign 公司/奥多比公司的预期销售额相比仍然是相形见绌的。

投资已经投向了 DocuSign 公司，其中最近的一轮投资是 2014 年 3 月投资了 8500 万美元❶。EchoSign 公司目前是一家拥有 40 亿美元年营业额的上市公司的一部分。Silanis 科技公司的资源怎么可能与 DocuSign 公司和 EchoSign 公司现在正在注入电子签名行业的资源相比？

在专利方面，Silanis 科技公司拥有一个相当规模的、包含 50 个专利项目的专利组合。在美国，这个专利组合有点小，该企业拥有 6 件美国专利和 3 件美国申请。然而，真正的顾虑是 Silanis 科技公司最近在专利质量上有所下降。Silanis 科技公司有 6 件美国专利，其中有 5 件是中等强度的——在某些情况下可能比中等强度稍微好一点。Silanis 科技公司的第六件美国专利 US5606609 是一件杰出的专利，专利名称为"电子文件验证系统和方法"，可能是这个行业中最好的专利。然而，在 2014 年 9 月 19 日，这件专利仅仅由于时间流逝到期了。Silanis 科技公司可能仍然在寻求这一杰出专利的侵权赔偿，但不能获得禁令来阻止侵权。这件专利的威慑价值已经大幅度下降，随着这一下降，Silanis 科技公司整个美国专利组合的实力已经下降。Silanis 科技公司在过去并没有运用专利进行防御。相反，专利组合是被用来作威慑的。RPost 公司已经起诉了行业中的许多企业，包括 DocuSign 公司、EchoSign 公司、奥多比公司以及 RightSignature 公司，但据笔者所知，RPost 公司还没有起诉 Silanis 科技公司。

对 DocuSign 公司、EchoSign 公司、RPost 公司以及 Silanis 科技公司专利组合的评论中缺少的最后一部分就是这些专利组合的时间线。这些企业是增加了它们的专利投资，减少了专利投资还是保持了过去的水平？

对 EchoSign 公司来说，答案是明显的。该企业的整个专利组合包含 6 件已授权的美国专利以及 1 件未决美国申请。有 3 件专利是在 2011 年被授权的，该件申请是在 2012 年被公布的，还有 3 件专利是在 2013 年被授权的。其在专利上的投资非常小，几乎所有的投资都是在过去几年中完成的，而且还不清楚在 2014 年是否有任何投资。

对于 Silanis 科技公司来说，故事也很简单。在 50 个可以确认的专利项目中，该企业在 2009 年获得了 2 件欧洲专利和 1 件德国专利，在 2010 年获得了 2 件加拿大专利，在 2012 年获得 1 件美国专利，在 2011 年、2013 年和 2014 年什么都没有获得。换句话说，在 2009~2014 年中期的 5 年半时间内，该企业获得了 6 件专利，或者说获得了其整个专利组合中大约 12% 的专利。同时，

❶ GARNICK C. Docusign gets $85 million more in investments [N/OL]. The Seattlet Times, (2014 - 03 - 04)[2014 - 11 - 15]. http://seattletimes.com/html/businesstechnology/2023044164_docusignfundingxml.html.

该企业最好的美国专利 US5606609 在 2014 年 9 月到期了。这展现了一幅企业让其专利组合随时间退化的景象，仅仅是因为没能投资。这可能是企业战略决策的一部分，或者也可能仅仅是缺乏可以获取资源的一种表现。

DocuSign 公司和 RPost 公司的故事就完全不同了。这两家公司都在专利上投入了大量资源，但是为了完全不同的目的——DocuSign 公司是为了防御性的威慑，RPost 公司是为了产生收入以及可能的市场份额。表 3-15 总结了 Docu-Sign 公司最近几年的专利成果，最上面从 2014 年初到中期开始，下面紧接着分别展示了 2013～2009 年各年全年的专利成果。

表 3-15   DocuSign 公司 2009～2014 年中期的专利成果

	美国专利/件	美国申请/件	欧洲专利项目/个	PCT国际申请/件	本年度总数	本年度在专利组合中所占%	在专利组合中所占的累积%
2014	1	1	3	0	5	10%	10%
2013	3	6	2	9	20	42%	52%
2012	1	0	2	0	3	6%	58%
2011	0	1	0	4	5	10%	69%
2010	0	1	0	3	4	8%	77%
2009	0	2	0	2	4	8%	85%
2009～2014	5	11	7	18	41	85%	—
专利组合总数	7	16	7	18	48	—	—
该目录下所占百分比	71%	69%	100%	100%	85%	—	—

DocuSign 公司在 2014 年中期开始往前的 5 年半中已经产生了其专利组合中的 85%。在过去的 18 个月中，从 2013 年 1 月到 2014 年 7 月中旬，DocuSign 公司获得产生了其整个专利组合中的 52%，包括大部分的美国专利和一半的 PCT 国际申请。这是一家大幅度增加其专利投资的企业。这样的投资增加和 RPost 公司在 2011 年 6 月针对 DocuSign 公司的诉讼有关吗？这是否表现了 DocuSign 公司保护其市场份额、争夺第一名位置的战略决心？可能由此能推断出不同的动机，但事实足以说明问题。

作为参照，我们可以比较 RPost 公司 2009～2014 年的专利成果，其与 RPost 公司在 2009 年 9 月第一次提起专利侵权诉讼的时间相一致，并一直持续到其最新的专利活动中。见表 3-16。

表 3 – 16　RPost 公司 2009 ~ 2014 年中期的专利成果 *

	美国专利/件	美国申请/件	欧洲专利项目/个	德国专利项目/个	日本专利项目/个	PCT国际申请/件	本年度总数	本年度在专利组合中所占%	在专利组合中所占的累积%
2014	2	3	0	0	0	0	5	8%	8%
2013	5	4	0	0	0	0	9	15%	24%
2012	4	3	1	0	1	0	9	15%	39%
2011	3	3	0	0	0	0	7	12%	51%
2010	3	3	1	0	0	0	7	12%	63%
2009 **	2	1	0	0	1	1	5	8%	71%
2009 ~ 2014	19	18	2	0	2	1	42	71%	—
专利组合总数	20	25	6	2	2	4	59	—	—
该目录下所占百分比	95%	72%	33%	0%	100%	25%	71%	—	—

* 该表格仅反映了 RPost 公司在这些类别下的专利活动，即在美国、欧洲、德国、日本以及 PCT 体系的专利活动。这些类别总共包括 59 个专利项目，是 RPost 公司整个专利组合的 65%。RPost 公司同时也在亚洲、澳大利亚、欧洲以及北美的 17 个不同的国家提交了 32 件国家专利作为补充，但这些并没有包含在该表中。

** 2009 年的 2 件美国专利是从别处买来的。它们被提交申请和授权的日期要早得多，但被购买之后才变得和 RPost 公司有关。

　　像 DocuSign 公司一样，RPost 公司在专利上也进行了大规模投资，2009 ~ 2014 年产生了其整个专利组合中的 71%。就像 DocuSign 公司一样，RPost 公司在美国专利上的投资非常大，在这个时间框架内产生了其几乎所有的美国专利，并且仅仅在过去的 3 年时间里就产生了其超过 50% 的美国专利。值得注意的是，尽管 RPost 公司是在 2000 年成立的，第一个专利权的获取却是在 2007 年，并在 2009 年 8 月 6 日从外部购入了接下来的 2 件专利，并且在 2009 年 9 月 14 日开始了第一件专利侵权诉讼。RPost 公司专利组合的增长和 RPost 公司诉讼工作的增长形影不离。如果历史是一位法官，那么 RPost 公司在美国专利上的大规模以及持续不断投资也意味着其在诉讼上的工作在未来有可能继续。RPost 公司明显的企业战略就是通过许可和诉讼项目使得其研发成果货币化。

　　所有关于 DocuSign 公司、EchoSign 公司、RPost 公司以及 Silanis 科技公司专利组合的前述信息都可以总结在一张表格（见表 3 – 17）中，运用这个表格我们将完成 Silanis 科技公司生成基准过程的第二步。

表 3 – 17　电子签名行业的竞争者概况

	专利组合规模（项目数）	专利组合中的暗含投资/美元	地理重点	最近的活动（2009 ~ 2014 年）	明显的专利战略
DocuSign 公司	48	825000	美国——48% 欧洲——15% 国际申请——37%	大量投资，特别是在美国	防御型
EchoSign 公司	7	195000	美国——100%	非常少的投资，以美国为导向	防御型
RPost 公司	91	1665000	美国——49% 欧洲——32% 亚洲——10% 其他——9%	大量投资，特别是在美国	侵略型
Silanis 科技公司	50	1035000	美国——18% 欧洲——32% 国际申请——20% 加拿大——30%	几乎没有专利活动	不清楚

第三步——生成投资和/或成果的基准

以第二步获得的信息为基础，Silanis 科技公司在专利组合上的未来投资竞争性基准应该是什么呢？这依赖于所要选择的专利战略，但让我们先来回顾 5 种可能的选择。

第一种可能，企业选择使专利投资与其主要竞争对手的投资相匹配，特别是与 DocuSign 公司和 RPost 公司的投资相匹配。DocuSign 公司在 2012 年获得了 3 个专利项目，在 2013 年获得 20 个专利项目（其中几乎有一半是 PCT 国际申请），在 2014 年上半年获得 5 个专利项目，2014 年全年则有望获得 10 个。换句话说，2012 ~ 2014 年获得大约 33 个专利项目，或者说平均每年获得 11 个专利项目。RPost 公司在 2012 年获得 9 个专利项目，在 2013 年获得 9 个专利项目，在 2014 年上半年获得 5 个专利项目，2014 年全年则有望获得 10 个。换句话说，2012 ~ 2014 年获得大约 28 个专利项目，或者说平均每年获得 9 ~ 10 个专利项目。

简单地去匹配 DocuSign 公司和 RPost 公司的话，Silanis 科技公司将需要每年获得大约 10 个专利项目，并且需要每年在专利上投资 20 万 ~ 25 万美元。

地理上如何呢？DocuSign 公司严重以美国为导向，但也继续在欧洲专利上进行投资。RPost 公司的投资似乎更加地以美国为导向（尽管该企业可能正在欧洲各国提交申请)。同时，Silanis 科技公司的整个专利组合在美国是无力的，仅有 9 件美国专利，而 DocuSign 公司拥有 23 件美国专利，RPost 公司拥有 45 件美国专利。如果 Silanis 科技公司确实选择增加其专利投资，则在美国提交的申请必须至少要达到相当的比重。考虑到的明星专利 US5606609 到期，Silanis 科技公司可能想要购买 1 件杰出的专利来替代，但这可能需要很大一笔投资，远远高于其专利年度投资总预算。

对于 Silanis 科技公司来说，第二种可能的战略是赶上 DocuSign 公司和 RPost 公司目前的投资率，同时弥补过去 3 年中所失去的市场。然而，这将要求在 3 年期间每年获取的专利项目数量达到 20 个，每年的年度投资额范围在 40 万～50 万美元。换句话说，Silanis 科技公司需要在 2014～2016 年的 3 年时间内将其在专利上的总投资与时间相匹配。

第三种可能的战略是投资水平远远超过第一种（匹配）甚至第二种（赶上）战略。相反，企业可以像 RPost 公司已经做的那样，使自己的战略货币化。Silanis 科技公司的产品已经被弗雷斯特研究公司高度评价，并且很可能是以卓越技术为基础的。既然 Silanis 科技公司已经证明了在技术开发上的精通，可能应该着重投资于后续可以货币化的技术。这将需要非常重大的投资，同时也需要 Silanis 科技公司高管们的心态从产品导向转换为专利导向。这个战略可能不太现实，但仍是一个选择。

第四种可能的战略是什么都不做。也就是继续支付续展费以维持目前的专利组合，但并不投资于新的专利。有意识地决定不去投资确实是一种战略，这似乎是 Silanis 科技公司在最近几年一直在做的，仅仅需要继续以目前的方法进行。那么生成基准的信息就没有直接的用途了，但这些信息仍然向 Silanis 科技公司展示了一幅主要竞争对手们现在正在做什么以及它们至少在不久的将来可能做什么的清晰画面。

第五种可能的战略，对企业来说就是简单地结束独立，以可能的最好价钱将企业出售。换句话说，就是采用与 EchoSign 公司所选择的同样方法——EchoSign 公司在 2011 年将自己出售给了奥多比公司。Silanis 科技公司拥有好的产品、显而易见的良好技术以及一个合理的专利组合——以一个好价钱出售公司是一个可行的选择。如果采用这种战略，那么可能不需要对专利进行进一步的投资，并且在第二步中取得的信息就和 Silanis 科技公司没有直接关系了。

如果计划出售公司，一个替代策略就是通过新的专利申请最大化对专利的潜在保护，但要以最低可能的成本进行。可能最好的方法将是提交一件庞大的申请，其中包含 Silanis 科技公司还没有寻求专利保护的所有的发明。这件庞大的申请将是一件临时专利申请（Provisional Patent Application），在其中会描述发明，但申请成本非常低，并且准备或提交的手续非常少。如果企业预计在一年之内出售，那么一件包含企业所有还没有取得发明专利权的庞大临时专利申请可能是一个极好的战略，可以在潜在买家进行审慎调查的关键阶段最大化企业的价值。

表 3-18 总结了 Silanis 科技公司可能使用的战略。

表 3-18　2014 年中期 Silanis 科技公司可能的专利战略

战略选择	需要的投资	选择的可能性
1. 与 DocuSign 公司和 RPost 公司的投资相匹配	20 万美元/年	可能（如果 Silanis 科技公司有资源的话）
2. 与 DocuSign 公司和 RPost 公司的投资相匹配，并且弥补失去的市场	40 万美元/年	不可能（鉴于最近的记录）
3. 使技术货币化。增加研发以及专利组合	远远超过 40 万美元/年	非常不可能
4. 仅仅维持目前的专利组合，但不增加专利组合	可能 5 万美元/年，可能更少	高度可能
5a. 利用其产品、技术和专利以最好的价钱出售公司。不再对专利进行进一步投资	仍然是 5 万美元/年，或者更少来维持专利组合	不知道（依赖于企业战略）
5b. 出售公司，但首先提交一件庞大的临时专利申请，包含企业还没有获取专利权的所有发明	上面 5a 中涉及的成本，加上几千美元准备提交庞大的临时专利申请的成本	不知道（依赖于企业战略）

电子签名行业的主要竞争者都是非上市企业，它们不公布财务信息，因此无法基于销售、研发以及专利活动来决定基准率。然而，已授权专利的信息总是公开的，关于未决申请的信息也常常是可以获得的。仅仅基于专利信息（没有财务信息），Silanis 科技公司可以选择专利投资或专利成果的基准，但这一选择依赖于所选择的企业战略是什么。

第四步——制订企业的专利投资计划，然后规划预期的成果（自上而下的预算方法），或者规划企业预期的成果，然后决定所需的投资（自下而上的预算方法）

本书一开始便已声明：有效的专利战略必须依赖并促进企业的战略。一旦选定了一个战略，就可以进行专利基准的制定，可以选择专利战略，并且运用自上而下或自下而上的预算方法生成特定的专利计划。整个过程已经在案例 1——捷邦公司的案例中解释过了。

在这个案例 2 中，主要的问题是："Silanis 科技公司的企业战略和专利战略应该是什么呢？"让我们回顾一下主要竞争者们的战略。见表 3 – 19。

表 3 – 19　电子签名行业的企业战略和专利战略

企业	明显的企业战略	明显的专利战略
DocuSign 公司	主导产品市场	强势的防御性专利组合
EchoSign 公司	主导产品市场	中等的防御型专利组合，但拥有大的上市公司的支持
RPost 公司	使得早期技术货币化	强势的侵略性专利组合、发起许可以及诉讼项目
Silanis 科技公司	不清楚	不清楚

尽管 Silanis 科技公司的市场增长很快，但其人员的增长在过去 10 年中似乎是非常平缓的。最新公布的财务报告显示其销售非常弱。Silanis 科技公司的产品和技术似乎都非常出色，但公司将何去何从呢？DocuSign 公司最近收到了 8500 万美元的投资，EchoSign 公司现在是一家 40 亿美元上市公司的一部分，Silanis 科技公司如何去匹配这两家竞争者的资源呢？专利战略支持企业战略，而不是企业战略支持专利战略。一旦回答了企业战略这样的基本问题，就可以形成支持性的专利战略，但在回答问题之前还不行。

b. 竞争性的预算方法总结

为了强调竞争性的预算方法甚至在不同的环境下也可以适用，我们已经讨论了两个非常难讨论的行业。在两个案例中都执行了 4 个步骤：①选择一组相关的竞争者；②判断这些竞争者们的专利成果及暗含的投资；③生成企业专利投资和/或专利成果的基准；以及④规划企业的专利投资和/或专利成果。在相对公开的防火墙行业，信息是唾手可得的，可以决定特定的专利基准。在相对私有的电子签名行业，关于竞争者们的更新的、完整的财务信息几乎不可能获得，但专利信息仍然是可以获得的，这些竞争者们总的专利投资和专利投资的地理覆盖可以被推断出来。在 2 个案例中都可以生成竞争性的预算。

4. 混合预算：平衡成本、成果和竞争者

正如第三章简介中已经介绍过的，纯粹地运用自上而下的预算方法、自下而上的预算方法或者竞争性的预算方法中的任何一种都是非常少见的。相反，几乎所有的企业都会运用某种形式的混合方法——可能会特别强调成本（自上而下的预算方法）、专利成果（自下而上的预算方法）或者竞争地位（竞争性的预算）三方面中的某个方面。

　　几乎可以肯定的是，成本（理解为"计划投资"）将是一个重要的因素，所有自上而下的预算方法有可能在几乎所有的预算方案中发挥作用。然而，大多数企业也会计划它们想要达到的结果，至少要比照一个弹性的目标，所以自下而上的预算方法也通常会被使用。根据笔者的经验，竞争性的预算方法使用不太普遍。这一方法通常为关注专利并且富有专利经验的企业所用，而不是为一般企业所用。

　　在所有可能的混合方式中，可能最常用的是自上而下的成本预算加上自下而上的结果预算。可能会加上，也可能不会加上竞争性的预算方法。如果加上竞争性的预算方法，企业的目标可能要么是与竞争者相匹配（假定要达到一个令人满意的防御位置），要么就是创建一个优秀的专利组合（潜在地通过获得许可收入或者通过将竞争者赶出特定市场而产生价值）。

小　结

　　为一个卓越的专利组合进行预算的过程并不是一成不变的。企业可以使用上述 3 种基本方法中的任何一种。这 3 种方法包括自上而下的预算方法、自下而上的预算方法以及竞争性的预算方法。另外，混合预算方法可能会被使用，该方法是其他 2 种或者全部 3 种方法的混合。表 3 - 20 总结比较了这 4 种方法。

表 3 - 20　企业专利活动预算方法

	对什么进行预算	预算的主要准则
1. 自上而下的预算方法	专利成本/投资	根据一般的基准利用可以获得的资源或投资（通常是专利投资/研发或者专利投资/收入）
2. 自下而上的预算方法	想要获得的专利项目	根据企业的研发强度以及所选的专利战略感受企业的需求
3. 竞争性的预算方法	成本或者想要获得的专利项目	利用可获得的资源或者感受企业的需求，特别是与主要竞争对手已经完成的工作对比
4. 混合预算方法	成本/投资、专利成果以及竞争地位的某种形式的结合	取决于使用其他 3 种方法中的哪些方法进行结合

　　每种方法都是合理的，而且实际上科技公司每种方法都使用过了。无论选择哪种方法，都需要在投资和期望的结果之间形成一种平衡，而且需要反复多

次才能达到这样的平衡。

（1）存在一个目标，无论是专利成果的目标（专利以及专利申请）或者成本/投资的目标。

（2）估计对立元素（以专利成果为目标需要估计成本，或者以投资水平为目标估计专利项目数）。

（3）这样的比较将需要至少一次调整，甚至可能需要很多次调整，直到对可以接受的专利成果和专利投资水平进行预算。

在任何情况下，最终的计划中会包含专利投资和想要获得的专利项目之间的平衡。这一平衡是企业专利战略的核心。在任何情况下，专利战略必须符合并能促进企业战略。因此，在任何情况下，必须首先决定企业战略，这将为专利战略的制定设置指导性参数。

第四章
总　结

第四章总结了前面章节所介绍的主要观点。这些主要观点包括第一章专利组合的定义，第二章创造卓越的专利组合以及第三章专利组合预算中的基本观点。第四章中的主要观点以问答形式呈现，根据逻辑主题进行分组。

主题 1：卓越专利组合的基本特性（问题 1~10）

主题 2：管理专利组合（问题 11~14）

主题 3：专利预算（问题 15~19）

主题 4：特殊主题

  a. **技术拐点**（问题 20~22）

  b. **专利整合**（问题 23~27）

  c. **专利评估**（问题 28~30）

主题 1：卓越专利组合的基本特性

问题 1：什么是卓越的专利组合？

专利组合是由单一的实体或自然人所拥有或控制的一组专利项目（意味着已授权专利以及未决申请）。存在两种基本类型的专利项目分组，一种是专利项目并不解决相同的一般技术问题，另一种是专利项目解决相同的一般技术问题。专利组合中的项目如果与共同的技术问题无关，这样的专利组合内的各项目共性仅仅就是"被共同拥有或控制"。因此，人们可以说，"IBM 的专利组合"——其意味着有数以千计的关于许多不相关主题的专利项目。这种类型由不相关的专利项目组成的组合，当整个公司被出售或者当一家企业的所有专利都被出售时会变得重要，否则，由不相关项目组成的组合没有太多用处。

本书讲述的是关于第二种类型的专利组合，即在专利组合中，所有的专利项目都用来解决一项单独的技术问题。可能存在同一问题的不同方面，但始终是同一个问题。根据定义，在同一个"专利族"中的专利通常都是解决一项单独的技术问题的，但一个由相关专利项目组成的专利组合也可以包含多个专利族。

问题 2：单件专利和专利组合之间有什么不同？

有些人将专利组合看作一种"超级专利"，意味着专利组合是一件专利，但比单件专利拥有更多的权利要求。这一观点在某种意义上是正确的，但也有局限性。一个专利组合相比单件专利有两个非常重要的优点。第一，每件专利都是根据权利要求的有效性、权利要求的覆盖范围以及被别人侵权的可发现性（也称作"可检测性"）进行评估。单件专利总是容易失效——要么是整件专利失效，要么是专利权利要求的一部分失效或全部失效。在任何的专利诉讼中，被告会全力以赴让专利失效或使得专利权人主张的权利要求无法实施，这些行动可能会成功。然而，被告使得一大组专利中的所有权利要求都失效的机会会小得多——一件或者两件或者一些专利可能总是能生存下来。因此，无论这件专利可能有多好，一个专利组合比单件专利的适应能力要强得多。第二，单件专利的权利要求会有一定的覆盖范围，但与相同的技术问题相关的众多专利几乎一定会比单件专利的权利要求覆盖范围更大。

这两个优点——针对无效袭击更强的适应能力以及更大的权利要求的覆盖范围——意味着几乎在任何情况下，一个专利组合会比单件专利更优秀，而且通常来说要优秀得多。

问题 3：怎样评价一个专利组合？

考虑 6 个方面的因素：

（1）和企业战略相符：如果专利组合不能为企业战略所指定的目标服务，那么这个专利组合的方向就是错误的。

（2）关键技术和市场的覆盖：企业决定自身的关键技术和市场，并且要求专利组合中的专利能够有针对性地覆盖这些技术和市场。专利组合中也可能有一些特定的专利项目是指向特定竞争者的产品或技术的。

（3）专利项目质量和数量的适当平衡。

（4）地理覆盖的适当平衡。

（5）时间覆盖的适当平衡。

（6）对这一专利组合的特殊考虑：强势或弱势的市场增长、企业在市场中的相对竞争地位、竞争者的专利行为，都是"特殊考虑"的例子。

问题 4：在卓越的专利组合中，期待质量和数量之间达到什么样的平衡？

表 4-1 总结了质量和数量之间期待的平衡。

表 4 - 1　专利中质量和数量的对比情况

专利类型	表2-2中的分类（风能产业）	正如本书中所讨论的	专利组合中期待的结果	专利组合中期待的百分比
高价值	高度相关	突破性专利 重大专利 非常有价值的专利	创造了专利组合中的大部分价值	整个专利组合的1%（在0.5%~2.0%变化）
有价值	中高度相关	有价值的专利	创造了专利组合中剩余部分的主要价值，但本质上少于总价值的50%	整个专利组合的10%（在7%~12%变化）
低价值	中度相关 低度相关	支持专利	创造了少部分的价值，要么是通过覆盖了一个微小的改进（"中度相关"），要么仅仅是增加了整个专利组合的数量	整个专利组合的90%（在86%~92%变化）

　　一般来说，价值中的绝大部分将来源于"高价值"的专利。在本书中，按照价值逐渐减小的顺序，笔者将"高价值的专利"划分为"突破性专利"（代表技术拐点或者其他的范式转变）、"重大专利"（达到一定的标准，其中包括被行业中的其他人大量引用）以及"非常有价值的专利"（创造了很多价值但并没有达到上面两种专利类型的标准）。这些通常是专利组合中所有专利的大约1%。

　　专利组合中剩余部分的主要价值是由"中高度相关"或"有价值"的专利创造的，其大约占据了专利组合中所有专利的10%。

　　大部分的专利——大约90%——都属于"支持"专利。风能产业的研究中区分了"中度相关"专利以及"低度相关"专利："中度相关"专利似乎能覆盖一些小的进步；"低度相关"专利似乎并不相关，仅仅是贡献了专利组合中的绝大部分数量。在风能产业的研究中，50%~70%的专利属于"中度相关"专利（意味着价值超越了纯粹的数量），20%~40%的专利属于"低度相关"专利（意味着除了绝对规模并无贡献）。笔者并不能判断覆盖小进步的专利和除数字之外别无贡献的专利之间的分配程度，但完全同意"支持"专利在一个典型、卓越的专利组合中占据大约90%的比重。

　　问题5：专利组合中的专利质量和专利数量之间存在冲突吗？

　　在管理专利组合时，确实在质量和数量之间存在内在的紧张感，但这种紧张感并不是必然不能解决的。许多企业，特别是既定产业中的大企业，倾向于强调专利项目的数量。质量也是非常重要的，但评估是在很大程度上基于数量的。许多企业，尤其是处于快速变化的行业中的小企业和初创企业，开始时的重点都是放在质量上，之后才会在数量上进行积累（如果初创企业失败了，则根本不会积累）。

然而，通过在相同的时间内同时发展专利组合中的专利质量和数量，有些企业已经消除了质量和数量之间的紧张感。在第二章中引用的公司，尤其是在表 2 - 5、表 2 - 6 和表 2 - 10 中所引用的谷歌和苹果公司，目前正处于同时增加质量和数量的一个非常有力的过程中。如果目前的趋势可以持续，谷歌和苹果公司到 2017 年将同时成为专利质量和专利数量上的领军企业。

问题 6：在内部创建专利组合和从外部购买专利之间是否存在冲突？

没有，并不存在这样的冲突。创建和购买是为了达到相同目的，即获得一个卓越的专利组合的两种方法。每种方法都有优点和缺点，如同表 2 - 9 中所列。一般来说，创建更便宜，并且拥有更大的灵活性可以将专利组合中的各类主题包含在内或者排除。一般来说，购买要快得多（因为一旦购买，会立即奏效），并且结果的确定性更大（因为在购买时已了解了已授权专利和它们的审查历史）。许多企业会创建自己的专利组合。而第二章中列举的博通公司和 Silanis 科技公司则是通过购买有价值的专利来补充它们的专利组合的例子。

创建和购买，这两种方法没有冲突，但必须在一起管理以达到目标。然而，有些企业会有一种"不是由我发明"的感觉，意味着这些企业会有一种偏见——喜欢自己的发明并且对购买别人开发的专利存有偏见。这种"不是由我发明"的态度在近些年已经弱化了，因为人们已经见证了许多领军企业的强势专利购买。

问题 7：什么是"专利丛林"？

这是一种特殊类型的专利组合。在组合中，同一发明的各个方面都被覆盖。专利丛林的强度为想要在专利组合所覆盖的市场中生产以及销售产品或服务的竞争对手们制造了非常严重的麻烦。使所有相关的权利要求都无效几乎是不可能的，避开权利要求所覆盖的发明所有方面也是非常困难的。一个专利丛林的例子就是在第一章中列举的案例 3——富士胶片株式会社。

专利丛林存在于特定的国家（基于专利授权的国家）和特定的时间（也就是说，专利丛林的所有者针对侵权者实施专利的时间）。在许多国家创建专利丛林需要专利权人在各个国家提交并进行专利审查。长时间保持专利丛林将需要专利权人在时间上的平衡性进行管理。

问题 8：在决定一个专利组合是否需要保持地理平衡时主要考虑因素是什么？

有 4 个主要的因素：

（1）市场的重要性：将在下面的问题9进行讨论。

（2）成本：每个国家都有各自提交申请的费用、维护未决申请的费用（欧洲国家往往需要缴纳，但美国并不缴纳）、专利授权的费用以及维护已授权的费用。在各个国家准备申请专利也会产生成本，即使在该国的申请是以其他国家的申请为基础的。翻译成本可能会非常昂贵。简单来说，在获取地理平衡时，预期成本是一个主要的考虑因素。

（3）专利的可实施性：如果一件专利在某一个特定国家不能被实施，那么尝试在那个国家获取该专利是毫无意义的。这和以下两个方面相关：

1）有一些类型的专利在某些国家可以实施，但在其他国家无法实施。当今在法律界，所谓"软件专利"的实施就是一个非常有争议的话题，但至少到目前为止，关于软件的专利仍然可以在美国被获取并被实施。这样的专利可能在欧洲是无法获取的，并且在亚洲国家也是可能没有希望的。因此，专利组合的"地理平衡"将不会要求软件专利出现在非美国市场，事实上，需要企业在美国之外的国家不要去申请此类专利。

2）有一些国家素来拒绝执行非该国的专利。如果企业对其专利目前的可实施性感兴趣，"地理平衡"可能会建议这个企业不要在这些国家获取专利（该企业可能仍然会在这些国家提交申请，它会假设，或者希望，这样的情况会在未来发生变化）。

（4）时间：提交申请较早的专利获得授权的时间也会更早。这意味着企业应该在最重要的国家最早提出申请。优先权日仍可能维持，然而最重要的国家将会受到最早的保护。同时，最早申请的国家通常总是会为申请设定基本的框架和基调，后续在其他国家的申请通常都是将最初的申请进行翻译或细微的调整。简而言之，获得地理平衡的顺序也是非常重要的。❶

问题9：哪个国家或者哪些国家应该成为地理平衡的一部分？

对于一个将自己看作技术市场中国际参与者的国家来说，在美国市场上的专利覆盖几乎是强制性的。美国可能是被创新产品和服务所覆盖的最大单个市场，可能是技术发展中最主要的参与者之一。在美国，专利侵权的后果（通过禁令以及赔偿）几乎一定要比在其他任何国家都要严重。

许多企业也在母国进行专利申请。这通常是为了在这些市场中对于针对它们的诉讼起到威慑作用。专利被认为是用来换取内心的平静的事物。

---

❶ 时间的问题总是迟早会被提及的，但是否必须"早"或者"晚"下决定可能很重要的。企业可能会提交一件PCT国际申请来推迟在其他地方的申请决定——可以推迟达30个月。这一推迟确实成为人们提交PCT申请的众多原因中的其中一个。

企业有时候会在具有重要市场意义的国家提交申请——这同时保护了企业以及它的下游客户。企业有时候会在特定竞争者的母国提交申请，但只有当该国市场中包含非常重要的竞争者，并且只有当企业认为特定竞争者国内法庭将会惩罚非该国国民持有专利的侵权者时，这样的行为才有意义。芬兰的法庭将愿意确定针对诺基亚的数千万美元的赔偿吗？荷兰的法庭将会命令飞利浦关闭一条侵犯了非荷兰国民专利权的产品线吗？❶

问题 10：获取专利组合的时间平衡主要需要考虑哪些因素？

有 2 个方面的时间平衡是至关重要的。第一个就是覆盖的连续性，第二个就是放弃专利使资源自由以达到第一个目标。

企业在其专利组合中会呈现多种类型的时间模式。一个常见的模式就是第一章捷邦公司的例子。这家企业很早就提交并申请了 2 件杰出的专利。然后该企业在后来的 7 年间（1998～2004 年）几乎没有进行专利活动，最近（2010 年至今）已经重新开启了专利活动，但这并不足以补偿早期专利活动的缺口。这种模式并非不常见。在第一章 Silanis 科技公司的案例中，模式发生了变化：该企业在其早期（1992～1999 年）几乎什么都没做，在后面通过大量的申请和重要的购买实现了爆发（2000～2003 年），目前由于专利随着时间到期，专利组合情况恶化。这两家企业的专利组合都没有在时间上达到平衡。相反，高通公司——第一章中展示的另一个例子——在 20 世纪 80 年代中期成立时就积极地致力于专利，随着时间推进不仅继续致力于专利，还加强了其专利活动。

时间覆盖的连续性是至关重要的。如果专利组合覆盖中的漏洞被发现，这个漏洞必须被立即填补。唯一的现实方法就是购买一件高质量专利，这正是 Silanis 科技公司做的，该公司在 2000 年购入了美国专利 US5606609。

连续性仅仅是时间平衡的一个方面。另外，随着时间推移，为了释放资源用于其他的专利工作，企业必须放弃不需要的专利项目。这可以通过放弃不需

---

❶ 可能非常讽刺的是，民族沙文主义是国际性的。在苹果公司和三星公司最初的法律诉讼中，美国的陪审团判定苹果公司获得 10.49 亿美元的赔偿，并且在三星公司的反诉中判定三星公司获得 0 美元的赔偿。Wikipedia. Apple Inc. V. Samsung Electronics Co. Ltd. ［EB/OL］. ［2014－11－15］. http：//en. wikipedia. org/wiki/Apple_Inc. _v. _Samsung_Electronics_Co. , _Ltd. 有些人认为这一判决是美国陪审团的亲美偏见所导致的结果。参见：WAPD B. New findings show foreman had bias in the Apple VS Samsung Lawsuit ［EB/OL］（2012－09－26）［2014－11－15］. http：//thedroidguy. com/2012/09/new－findings－show－foreman－had－bias－in－the－apple－vs－samsung－lawsuit－37142#FMLVEeo-toWuZChAp. 97. 有许多人都提出了国家偏见的问题，当然这是三星公司的看法。参见：Samsung Claims Juror Bias in Apple Patent Lawsuit ［EB/OL］. （2012－10－09）［2014－11－15］. http：//www. inquisitr. com/393177/samsung－claims－jujor－bias－in－apple－patent－lawsuit/. 简而言之，似乎国家偏见是没有国界的。

要的申请、选择不支付已授权专利的维护费，或者将不需要的专利项目卖给外部企业等方式来完成。

当企业正在经历大事件，特别是要出售给另一家企业，但也可能是被注入了一笔大的投资或者要公开发行股票时，需要对时间进行特殊的考虑。当参与这些事件时，企业可能想要为还没有被过去的申请所覆盖的发明争取优先申请日期。一个战略就是提交所谓的"庞大的申请"，包括每件这类发明的描述，无论这些发明是否与相同的技术问题有关。同样地，要求对庞大申请中的每项这类发明都承认所有权并不是最重要的，但都必须被描述以便于后续可以要求对这些发明的所用权。这样的"庞大的申请"通常都是临时专利申请（而不是标准的非临时申请），因为临时专利申请的申请准备和申请成本往往要低得多（相比非临时申请）。

上面讨论的是在企业存续期间中面临重大事件时可以使用庞大的申请。然而，对一家初创公司来说，时间平衡可能也要求在早期提交一件庞大的申请。庞大的申请成本要少得多，并且可以将特定发明的申请和准备成本推迟几个月，甚至几年。为了在短期内减少成本，初创公司可以提交一件庞大的申请，在同一件申请中包含两项或更多的发明。随着时间的推移，这些发明将会被发展成为标准的申请，但从庞大的申请开始，优先权日已经产生并且一直保持。

主题2：管理专利组合

问题11：对企业战略和专利战略来说，最主要的考虑是什么？

最重要的考虑是专利战略必须与企业战略相符，并且其对企业战略的履行起到一定作用。这一点似乎从言语来看是再明显不过的，但不幸的是，专利有时候会被完全地忽略。

主要考虑因素有以下几个含义：

第一，必须有一个企业战略，并且必须解决专利问题。如果没有企业战略，那么企业不会知道它将去向何方，专利的方向便是企业最不重要的问题。如果有企业战略，但是专利被完全忽略了，那么企业很有可能要么在专利上存在严重的投资不足，要么专利组合的投资方向错误。

第二，必须形成一个专利战略，并且必须要求对企业战略中设定目标的完成支持。专利战略可能包含的目标包括：①需要覆盖的技术、市场以及产品；②专利组合的绝对规模；③地理平衡；④时间平衡；⑤企业在专利的数量以及

质量上的竞争地位。❶

第三，专利战略必须要求"正确数量"的金钱和资源投入来达到必要的专利成果。"正确数量"将在下面的第三个主题中讨论。

问题 12：企业内部成功的专利项目需要哪些要素？

（1）无可抗拒地，最关键的要素是来自高层管理者的"清晰并且容易理解的承诺"。

"清晰的承诺"意味着企业拥有一个能够解决并引导专利战略的企业战略。这个承诺必须是持续进行的。尽管高层管理者不需要参与到每个专利决策中，但必须知道专利工作正在发生什么，并且必须时不时地改变专利战略的方向——如果必要的话。除了理解专利组合的数量以及地理分配之外，高层管理者必须对专利组合的相对质量有一定认知，并且知道这个质量是随时间在提高还是降低。

"容易理解的承诺"意味着企业中的每个人，不仅仅是高层管理者或者专利人员，还包括特别是技术和产品人员，都应该理解专利是企业的任务和活动中不可分割的一部分。传达这一信息可能是专利决策者或者专利驱动者的责任，但不管以何种方式进行传达，这个信息在企业内是容易理解的。

（2）清晰的准则来衡量专利活动的成功。这将在下面的问题 14 进行讨论。

（3）为了创建专利项目，专利决策者——有时被称为"专利委员会"——会制订计划来创建可以申请专利的发明，审查由工程师和技术人员提交的发明，筛选特定的构想进行专利活动，并且监督专利过程。

（4）专利驱动者是驱动项目向前的关键人物。专利驱动者和专利委员会一起工作，和技术部门的主管以及项目发展部门的主管会面并沟通，与发明者一起工作，并且促成专利委员会选择的发明真正能形成专利。

（5）解决在专利项目的启动和管理中将会出现的问题。不可避免地会出现一些严重的问题，但适当关注、投入资源和时间，这些问题可以被解决。

（6）足够的时间。创建一个成功以及持续的专利项目所需的时间很大程度上取决于企业的性质、企业的文化以及专利工作的强度。对于小型以及初创公司来说，时间框架可能是几个月到一年；对于大公司来说，完全的开发可能需要 3~5 年。对于企业文化是反专利的企业来说，其文化心态的变化是必要的，而且这可能需要 5 年以上。历史上，许多科技公司——特别是那些认为自

---

❶ 有些人将这些目标称为专利"计划"而非专利"战略"。争论这一术语是毫无意义的。对企业来说，最终的目标是知道必须用专利来做什么以提升企业战略，然后采取行动。

已是"聪明的""年轻的"以及"针对'很酷的产品'的"公司——都是反专利的公司。像谷歌、苹果、微软这样的公司，曾经一度轻视专利，但现在这种情况已经不存在了。

问题 13：高层管理者，或者类似的有决定权的人，在任何特定的时间点如何认识到"专利组合的相对质量"，甚至是去判断"这一质量是随时间在提高还是降低"？

专利质量并不是某种类型深奥的神秘主义，只对少数开明的人开放。相反，专利质量是一种可以被理解并以系统的方式被应用的方法。专利组合中的专利质量至少可以通过 4 种方法进行判定并追踪，表 4 – 2 中进行了展示。

表 4 – 2　判断专利组合质量的方法

	从企业内部	通过外部专家
专家评价	方法 1：从公司内部进行专家评价	方法 2：通过外部专家进行专家评价
自动评价	方法 3：根据企业的运算法则进行自动评价	方法 4：通过外部专家进行自动评价

方法 1：技术和专利专家可以评价专利项目。在笔者早期的《专利的真正价值》一书中，这种方法被称作"专家基本分析"。这种方法是非常有效的，但成本也很高。运用内部专家，假定是企业全职员工的话，可以减少购买成本。这个内部的评价可能是一个完全毫无组织的评价，如果你只是对专家说"根据你自己的辨别力来评价这些专利"。当然，这个评价至少将包含 VSD 因素——权利要求的有效性、权利要求的覆盖范围，以及侵权的可发现性。或者另外一种选择是，可以要求专家运用特定的准则。例如，在笔者早期的《攻坚专利：避免最常见的专利错误》一书中，明确了在 ICT 领域的专利中最常犯的 10 个错误。在其他的分析之外，还可以指导专家以这 10 个错误为参照来评价专利。

方法 2：专家评价可能是由因为这个任务而专门雇用的外部专家完成的。当一笔主要交易即将发生时，这是个很好的方法。例如，美国在线公司在其专利组合以 10.56 亿美元被出售给微软公司之前，雇用了一家知名的专利公司来分析其专利。确实，在专利组合被出售之前，这些专家通过额外的申请和对专利局诉讼的回应，提升了专利组合的质量。这个方法明显是这 4 种方法中最昂贵的一种，但在适当的环境下是很有意义的。

方法 3：通过企业所选择的标准进行自动评价，并且运用由企业所选择的标准来分配权重。自动评价在《专利的真正价值》一书中被广泛讨论，被称为"机器基本分析"。这些要素可能是什么呢？《美国电气和电子工程师协会会刊》的专利实力排行榜提供了其自己的运算法则，可以在公共网络上找到。

这个运算法则可能会被运用或者根据企业自己的观点进行修正。《专利的真正价值》一书中还列出了额外的 15 个要素，在自动评价中可以运用其中的任何一个。❶

方法 4：自动评价可能由外部的咨询公司主导进行。许多公司都提供专利的自动评价服务，例如 Innography 公司、IPVision 公司、OceanTomo 公司、PatentRatings International 公司以及 Perception Partners 公司。还有一些专门的评价公司，为特定的产业提供服务，例如 Totaro&Associates 公司为替代能源产业提供服务。自动评价可能是仅仅根据咨询公司的标准进行评价，也可能是根据企业的要求对标准作出各种改变。

对于企业来说，不论使用哪种方法，或者哪几种方法的组合，了解自身专利组合的质量都是非常重要的。另外，企业必须对质量水平的变化保持了解，因此质量评价应该定期进行。除此之外，对于企业来说，为了了解专利组合的"相对"质量，即相对于其他公司其专利组合的质量。同时应该明确几个其主要的竞争者，并且至少对其主要竞争者的一些专利进行某种类型的评价，可能这种评价的强度会低一些，成本要便宜一些。

问题 14：管理专利组合的主要原则是什么？

第一，覆盖必须是连续的，漏洞必须要填补，并且优先权较低的专利项目必须被放弃以便为更高优先权的专利释放资源。所有这些在上面已经讨论过。

第二，必须有清晰的标准来衡量企业专利活动的成功（或是失败）。必须要达到什么样的目标呢？

如果目标是通过专利许可或者诉讼来产生收益，应该获得多少收益呢？

如果目标是在特定的国家获得一定数量的专利来覆盖产品 X，那么目标达到了吗？

如果目标是阻止竞争者进入特定的产品或技术市场，那么目标达到了吗？是否有迹象表明竞争者不进入市场了？是不是就像第一章中所引用的富士胶片株式会社的例子中一样，竞争者进入市场后收到了禁止性禁令而被迫撤出了市场呢？

必须制定特定的标准。这个标准必须尽可能地用数字表示，并且必须在任何情况下都可以被衡量并且随时间推移可以被追踪。

第三，谁来管理专利组合？也就是说，专利职能应该被放置在企业内部的哪个部门？任何有企业工作经验的人都能理解这是一个至关重要的问题，其对

---

❶　这 15 个要素被列在《专利的真正价值》一书第 68～70 页，在第 314 页又被提到。此处页码指原版书的页码，特此说明。——编辑注

专利工作的成功至关重要。专利组合是否应该被放置在法律部门，或者归首席技术官管理，或者归业务开发部的副总裁管理，或者由企业内部战略业务单元的经理管理，又或者是由这些部门联合管理呢（例如，法律部门管获取专利，业务开发部管产生利润）？企业的每个部分都将有其自己的观点、自己的目标以及自己的重点。因此，专利责任的放置将是关系到整个专利项目成功与否的重大决定。

主题3：专利预算

问题15：专利投资预算的替代方法有哪些？

有4种替代方法：

（1）自上而下的预算方法。

（2）自下而上的预算方法。

（3）竞争性的预算方法。

（4）混合预算方法：任意两种或全部3种前面提到的方法的结合。

问题16：什么是专利的"自上而下的预算方法"？

有一种预算方法，企业首先决定它将要用于专利活动的金额是多少。然后企业可能会决定从这个预算中能获得专利项目的数量，把这个数量当作一个目标——这样数字化的一个目标是相当典型的。尽管严格来说，这个方法完全取决于所要投入的总金额。在某些实施过程中，这些预算可能会在各类不同的地理市场之间和/或各类不同的想要保护的技术之间和/或各类不同的想要覆盖的产品和服务之间进行分配。尽管这个方法看起来并不科学，但却常常被使用。

自上而下的预算方法首要决定性的步骤就是决定应该在专利上投资多少钱。通常会使用一个基准。其中一个基准就是以研发费用的1%作为基准。这是一个以各种分析为基础的通用基准，例如用每年在美国原始专利上的投资总额对比在美国的年度研发花费，以及在美国每100万美元的研发费用所获得的专利的平均数量。正如表3-5所示，根据企业的状况（新成立的或者已经建立的）、产业的增长前景（高于平均水平、处于平均水平或者低于平均水平）以及企业的各种专利战略（标准投资，或者倾向于利用突破性专利震荡市场），这个1%的数字必须为每个特定的企业量身定制。

既然已经有1%的比率作为基础（专利投资/研发投资），是否还有其他的基准可以拿来使用？至少，更全面的情况将是加入企业的收益成果。例如，对一个相对完善市场中的高科技企业来说，标准的研发投资占销售额的比重可能是收入的7%。在过去几年，处于技术相对密集以及快速变化的防火墙市场中的捷邦公司，将大约 9.4% 的收入投资于研发，比率的范围处于 8.3% ~ 11.3%。❶ 这些比率是远远高于科技公司平均投资水平的，但可能对于捷邦公司这样专门从事某一行业中的公司来说是适合的。这些数据表明，捷邦公司在研发上投资巨大，但也强调了其在专利上的投资是非常弱的。相比于 1.00% 的行业标准，捷邦公司在专利上的投资大约是研发投资的 0.35%。换句话说，相比于行业标准的大约 0.07%，捷邦公司在专利上的投资大约是企业收入的 0.03%。❷ 通过比较，高通公司是在研发上的投入非常庞大，相比于行业标准的 7%，将其收入的 20.8% 投资于研发。并且在专利上的投资甚至更加庞大——高通公司将其研发的 5.71% 投资于专利（相比行业标准的 1.00%），或者说是将其收入的 1.19% 投资于专利（相比于行业标准的 0.07%）。❸

专利投资也可以和利润的数据进行比较。这并不是通常的做法，因为有许多因素会影响利润。而专利投资倾向于展现相比研发或者营业收入的相对重要性。为了判断如果一家企业决定投入更多资源于专利时，它是否有能力这么做，利润的数据是最相关的。例如，捷邦公司和高通公司都拥有非常良好的利润空间，所以它们在专利上的相对投资看起来似乎完全不存在财务上的限制。请在词汇表中查阅"自上而下的预算方法"。

问题 17：什么是专利的"自下而上的预算方法"？

在这个预算方法中，企业首先决定它需要得到什么类型的专利活动成果，而不是在专利预算上分配多少金额。当然，最终必须要准备一份财务预算，但是关注的重点是创建一定类型的专利组合而不是限制分配在专利活动上的资金数量。这种类型的预算方法通常被用来在专利活动中创造优先权。

这种形式的预算方法是以企业对其所需专利的观察为基础的。这些观察会被各种各样的因素所影响，这些因素可能是对企业或者行业来说独特又特别的因素。例如：

这个行业的特点是不是专利诉讼特别多？如果是的话，企业需要更多的专利，并且可能需要更高质量的专利。

在行业内是否存在快速的技术发展，并且是否存在快速的技术淘汰？如果是的话，这也可能会引发一种观点，即企业需要更多的专利，并且需要高质量专利。

是否竞争对手们正在大量获取专利？如果是的话，企业应该获取更多专利

---

❶ 捷邦公司 2007 ~ 2013 年的这些结果体现在表 1 - 2 中。

❷ 捷邦公司的这些结果体现在表 3 - 7 中。

❸ 高通公司的这些结果体现在表 3 - 7 中。

来应对竞争。

该企业是否在市场份额以及营利性方面处于市场领导者的地位？有一种特定类型的"专利柔术"，企业在产品以及服务上的成功成为了对企业不利的因素。市场领导者对于专利原告来说是非常具有吸引力的目标对象。这样的企业拥有非常大的市场份额，所以专利赔偿有可能很高；这样的企业拥有非常强的盈利能力，所以它能够支付得起高额的专利赔偿。专利原告对起诉小型以及不成功（或还没有成功）的企业不是特别感兴趣——原告更喜欢起诉能支付得起赔偿的人。当设定专利预算时，属于市场领导者的企业应该将这一点考虑进去。

请在词汇表中查阅"自下而上的预算方法"。

问题 18：什么是专利的"竞争性的预算方法"？

在这个专利预算方法中，企业判断其主要竞争对手的专利投资，然后为了达到想要的竞争地位设定其自身的预算。这种方法有 4 个步骤：①决定一组竞争者，基准就来源于这组竞争者；②判断这些竞争对手的专利成果，以及为了达到这些成果所用的专利投资；③为想要达到的专利成果或想要投资的金额或两者兼顾，创建一个基准；④以这个基准为基础，规划企业的投资，然后规划成果（或者相反，首先规划成果，然后规划达到这个成果所需的投资）。

许多因素会影响竞争性的预算方法，其中最主要的是竞争者的成果和投资。除此之外，还有行业的性质（一个年轻、充满活力的行业会要求付出更大的努力）以及企业战略的性质（可能是面对竞争、赶上竞争或者运用在研发和专利上的非凡投资震荡整个行业）。请在词汇表中查阅"竞争性的预算方法"。

问题 19：什么是专利的"混合预算方法"？

企业通常不会纯粹地运用自上而下的预算方法、自下而上的预算方法或者竞争性的预算方法中的任何一种。相反，企业总是将这些方法中的 2 种或者 3 种进行结合来提出其认为能够最好地平衡投资、成果与竞争地位的对策。这种结合被称为"混合预算方法"。请在词汇表中查阅"混合预算方法"。

主题 4：特殊主题

a. 技术拐点

问题 20：什么是技术拐点？

技术拐点（TIP）是某项特定技术上的重大变革，其有可能对现有的行业产生重大影响或运用新技术创造一个全新的行业以取代一个落后技术的旧行业。

问题 21：技术拐点和专利有什么关系？

一项技术，如果能体现技术拐点，并且具有较早的优先日期，便很可能具有异常高的价值。这样的一件专利可能是一件"突破性的专利"，反映了在技术拐点保护了"突破性的发明"。

问题 22：基础型研究、应用型研究、技术、产品以及专利之间的关系是什么？

正如表 2 - 3 中所反映的，基础型研究创造了新的科学，但这些成果无法转化成专利，因为根据美国专利法第 101 条的规定，基础型的科学概念不能形成专利。❶ 另一方面，相比于基础型研发的成果，应用型研发的成果当然是可以形成专利的。如果成果是颠覆性的，即从某种意义上说它们对一项技术或一个行业作出了重大的变革，那么它们很有可能会产生"高价值专利"。例如，如果科技成果在技术拐点上创造了范式转变，那么保护性专利可能不仅仅是"高价值专利"，而实质上成为"突破性专利"。这是专利分类中最有价值的专利。研发的其他成果，即那些对产品作出渐进式改进的研发成果，有可能会获取"有价值的专利"（但不是"非常有价值"）或者"支持专利"（意味着它们对专利组合贡献了一点点价值，但自身不能产生价值）。

b. 专利整合

问题 23："什么是"专利整合者"？

专利整合者是一家企业或其他实体，它们搜集并管理相同主题下的众多专利。专利整合者也可能拥有这些专利，尽管这不是必需的。如果专利整合者管理来自竞争企业的专利，结果就变成了人们常说的"专利池"。专利整合的目的可能是侵略性的或防御性的。

问题 24：什么是"侵略型专利整合者"？

侵略型专利整合者是指为了侵略性的目的而整合专利的专利整合公司。特别是，整合专利以至于该专利整合公司可以将专利许可给外部企业。如果外部的企业不想接受许可，那么专利整合公司会向外部企业发起专利侵权诉讼来执行专利。一个"许可以及诉讼项目"是侵略型专利整合公司的实质。表 2 - 7

---

❶ 参见，例如，Alice 公司对阵 CLS 银行，判决简报 13 - 298，573US，（2014 年 6 月 19 日判决），第 11 页，列举了一长串最高法院的案例来说明在美国专利法第 101 条的规定下，"自然规律""自然现象"以及"抽象概念"都不能形成专利。

中所列的侵略型专利整合公司的例子包括阿卡西亚研究公司、Conversant 知识产权管理公司、Innovatio IP 公司、高智发明公司、交互数字通信有限公司、Rembrandt 知识产权管理公司、无线星球以及 WiLAN 公司。

问题 25：什么是"防御型专利整合者"？

防御型专利整合者是指为了防御的目的而整合专利的专利整合公司。特别是，获取专利以便于这些专利不会落入那些寻求许可或诉讼的企业手中。专利整合公司可以将专利出售给友好的企业，或者在自愿的基础上将专利许可给各类企业（可能是免费的），但不会发起诉讼。防御型专利整合者的动机与侵略型专利整合者的动机是完全不同的。表 2 - 7 中所列的防御型专利整合公司的例子包括企业安全联盟公司、LOT Network 公司、开源发明网络公司、RPX 公司以及 Unified Patents 专利组织。

问题 26：什么是"专利池"？

专利池是指来自竞争企业的关于同样主题的专利集中。理论上，专利池可能是为了侵略的目的或者防御的目的，但实际上，当人们谈论到"专利池"时，他们指的仅仅是"侵略型的专利池"。确实，一个"防御型的专利池"和一个"防御型的专利整合"实际上没什么区别。

"专利池"的共同意义是：关于相同主题的一池子专利。这些专利是从不同的竞争性的公司整合而来，并且打算针对第三方进行许可或者诉讼。池子里的所有专利都和某些特定的技术标准相关，并且根据法律，所有的专利必须通过技术和法律专利的评估，并且被认为是对技术标准的实施来说是"必要的"。

专利池在 ICT 领域是相对普遍的，尤其在计算机和通信领域。在笔者早期的《技术专利许可：21 世纪专利许可、专利池和专利平台的国际性参考书》一书中对此有详细的讨论。

问题 27：你提到一个专利整合者也可能会"拥有"被整合的专利。这怎么可能？专利所有者就不再是一个专利整合者了。

确实，一家企业或实体如果实际上拥有它所控制的所有专利，那么严格说来它并不是一个"专利整合者"。但实质上，这家企业正在为了自己的目的整合专利，从这个意义上说，它就是一个专利整合者。拿美国高智发明公司为例，该企业是侵略型专利整合者的一个经典例子。美国高智发明公司拥有它寻求许可或诉讼的专利，其从公司内部创建了一部分专利，但大部分的专利都是从其他公司购买的。作为专利的所有者，美国高智发明公司不会受到针对专利池管理公司的这类法律的限制。使得美国高智发明公司有点不同的是，许多企业在该公司进行了投资，所以它们在被称为"美国高智发明公司"的企业中拥有股份，但它们并不拥有属于美国高智发明公司的特定专利。在努力整合，然后许可或者诉讼方面，美国高智发明公司就像其他任何一家侵略型专利整合公司一样。

RPX 公司拥有其整合的专利，是防御型专利整合者的一个例子。然而，事实上，既然 RPX 公司并不针对任何企业主张专利或提起专利诉讼，那么 RPX 公司是否拥有或并不拥有其整合的专利就并不相关了。总之，它就是一家防御型的专利整合公司。

c. 专利评估

问题 28：如何评估专利？

通常考虑 3 个基本因素，只是这 3 个因素，但总是这 3 个因素。

（1）权利要求有效性：权利要求是有效的吗？实际上，整件专利都是有效的吗？在许多评估系统中，如果对专利或者专利中的重要权利要求的有效性存在重大怀疑，专利的价值将会降到 0 并且不会进行进一步的评估。从这个意义上说，在某些评估系统中，这是个是 – 否的问题。在其他系统中，重大的怀疑将降低专利的整体价值，但不会完全破坏其估计值。如果一件专利评估并没有涉及权利要求有效性的问题，那就意味着专利或其权利要求的有效性不存在明显的问题。

（2）权利要求的覆盖范围：这是判断专利的主要标准。如果覆盖范围的情况是，目前某些权利要求被侵权，或者在"不久的将来"预期会被侵权（通常理解为不超过 3 年，有时候更短），那么权利要求的范围覆盖被认为是良好的，并且专利是有价值的。如果目前有侵权，但侵权者可以利用专利回避设计避免将来的侵权，那么权利要求对过去的赔偿是有价值的，但侵权人可以避免禁令的产生，因此专利的价值降低了。

（3）侵权的可发现性（或者"可探测性"）：除了特定类型专利的权利要求，例如生产方法，或者很难观察到的电子线路，或者纳米级的结构，通常侵权的可发现性都不是一个问题。正如权利要求有效性的问题一样，侵权的可发现性的严重问题可能会很大程度上影响专利的价值，但如果这一问题不是在评估中提出的，可以推断侵权的可发现性不可能出现任何问题。

上面说到的 3 个基本要素首字母可缩写成 VSD。有些评价系统将这些基本要素中的一个或多个分解成众多的分要素，因此可能会有 5 个、10 个甚至更多的分要素，但所有这些系统都是基本方法的改进——在任何情况下都必须考虑这 3 个基本要素。有些评估是通过专家来完成的，在这种情况下，我们称为"专家基本分析"（Expert Fundamental Analysis，EFA）评估。有些评估是通过自动的方式完成的，在这种情况下，我们可以称其为"机器基本分析"（Proxy Fundamental Analysis，PFA）。

问题 29："专家基本分析"的含义是什么？

第一，这是由技术或法律专家完成的评估，而不是由一台机器运用运算法则完成的。

第二，这个评估是"基本的"，意味着它试图判断的是专利的内在质量，而不一定是在许可以及诉讼项目中专利的货币价值。货币价值是最终的考验，但这个价值是基于（至少部分基于）专利的内在质量的，除非专利的质量已经被评估，否则无法赋予专利货币价值。

问题 30："机器基本分析"的含义是什么？

第一，这个评估不是通过技术或法律专家完成，而是根据一种算法由机器完成。这个机器是作为人类专家的代理人。

第二，正如上面所指出的，这是一个"基本的"评估，试图判断专利的内在质量，而这正是专利货币价值的基础。

后　记

本书的开头引用了亚伯拉罕·林肯总统在《关于发现和发明的演讲》中说过的话。让我们也以同样的内容结尾。

林肯总统列出了他认为在世界历史上具有重大价值的4个发现。这4个发现分别是发现文字、发现印刷、发现美洲以及专利法的出现。

人们可以对这一列表的组成有所争议。或许争论的是这4个发现中的某一个是否不应该出现在列表中？或许争论的是另外一个发现是否应该加入列表中？然而，更重要的是包含这4个发现的特定原因。林肯总统说道：

"我已经暗示了我的观点，即在世界历史中，特定的发明和发现出现，具有独特的价值，**因为它们在促进所有其他发明和发现上所展示的极高的效率**。"（加粗部分是由笔者所加）❶

这实际上说的就是专利系统——专利通过让公众看到这项发明来为专利权人提供了权利以及能力来保障其暂时的优势。这一暂时的优势是新的发明和科学发现的主要助推器，可以从两个方面进行解释。第一，它给予了发明者们强大的经济刺激，使他们继续发明并将他们的发明申请专利。第二，它使得公众可以获取新的发明，最初在专利有效期内通过从专利权人手中获得许可进行，后期在专利已经到期之后，关于专利总体信息的一部分会进入公共领域以供公众获取。

本书讨论了如下3个总的议题：

（1）专利组合的质量；

（2）创造卓越专利组合的方法；

（3）创造卓越专利组合所需的预算投资。

本书最重要的目的是能够为提高专利组合的质量和价值作出一点贡献。

当个人和企业创造卓越的专利组合时，他们履行了专利系统的职能，并且

---

❶　LINCOLN A. Lecture on discoveries and inventions [EB/OL]. (1858 - 04 - 05) [2014 - 11 - 15]. http：//www. abrahamlincolnonline. org/lincoln/speeches/discoveries. htm.

鼓励了所有其他人进行额外的发明和发现。然而，毫无影响力的专利组合却会带来相反的效果——它们浪费了专利发明者的时间和资源，并且通过法律以及专利侵权的责任对外界产生了威胁。而这些专利并不能为专利发明者捕获任何人的侵权行为，在许多情况下，这些专利甚至在一开始就不应该被授权。一个卓越的专利组合能够鼓励创新，而毫无影响力的专利组合将会阻碍创新。这其中唯一的区别就在于专利组合的质量。

附　录
卓越专利组合的原则列表

企业和专利战略：企业战略必须先于任何事。专利战略必须追随并支持企业战略。

原则1：一家科技公司必须决定有关于专利的战略。❶

原则2：一个好的专利组合是与其持有者的战略重点相匹配的。❷

原则3：在专利上投资"正确的金额"。❸

3a. 对于一家标准的科技公司来说，一个可能的原则就是专利投资额应该是研发投资额的1%左右。

3b. 根据主要竞争者已被感知的专利投资额设定公司的专利投资额。

3c. 将专利成本和被诉讼的可能性、败诉的可能性，以及经济损失或者被禁止销售产品的成本进行比较。

卓越专利组合的特性：仅仅有一些特性可以决定专利组合的质量。这些特性包括：①与企业战略相符；②对关键技术和产品的覆盖；③专利质量和数量的平衡—专利"混合"的一种形式；④地理平衡；⑤时间平衡；⑥对该专利组合的具体的特殊的考虑。

原则4：质量和数量的平衡。❹

原则5：地理平衡。❺

---

❶ TPV 7 - 3 - 1（专利组合），即《专利的真正价值》一书中第7章，第3个案例，第1个专利组合的原则。

❷ TPV 7 - 3 - 3（专利组合），即《专利的真正价值》一书中第7章，第3个案例，第3个专利组合的原则。

❸ TPV 7 - 1 - 2（专利组合），即《专利的真正价值》一书中第7章，第1个案例，第2个专利组合的原则。

❹ TPV 7 - 1 - 1（专利组合），即《专利的真正价值》一书中第7章，第1个案例，第1个专利组合的原则。

❺ TPV 7 - 2 - 1（专利组合），即《专利的真正价值》一书中第7章，第2个案例，第1个专利组合的原则。

5a. 在美国受保护是至关重要的。

5b. 在国内市场受保护通常是恰当的。

5c. 地理保护的其他市场。

原则6：时间平衡。❶

管理专利组合：管理必须是积极的、不间断的。必须明确专利组合中的漏洞并进行填补，必须随时管理专利组合，必须建立衡量专利组合管理是否成功的标准，必须将专利职能放置于组织内部以便于专利可以为实现企业以及专利战略贡献最大的力量。

原则7：**明确并填补覆盖范围的漏洞。**❷

原则8：**时间管理，包括撤资管理。**❸

原则9：**建立衡量标准。**

原则10：**将专利职能列入企业内部。**

---

❶ TPV 7 - 2 - 2（专利组合），即《专利的真正价值》一书中第7章，第2个案例，第2个专利组合的原则。

❷ TPV 7 - 2 - 3（专利组合），即《专利的真正价值》一书中第7章，第2个案例，第3个专利组合的原则，其指出填补专利组合漏洞的最快方法是明确这个漏洞，然后购买缺失的专利保护。这个方法和内部专利创建的方法相比可能更加昂贵，内部创建的方法可能会较慢，但花费较少。

❸ TPV 7 - 3 - 3（专利组合），即《专利的真正价值》一书中第7章，第3个案例，第3个专利组合的原则，其表明，如果目标是保持专利组合的实力，那么专利活动必须随着时间继续下去。另外，TPV7 - 1 - 3（专利组合）也解释说，当专利组合中的一些主要的价值驱动专利到期时，企业必须就对该专利组合需要做什么作出基本的决定。

词汇表[●]

整合：请参阅"整合者"。

整合者：是指一个收集并管理了多个相同主题专利的实体。其中最常见的例子就是非实施实体（Non-Practicing Entity），或者称为 NPE，它们通过整合专利进行许可或者诉讼；以及自卫型专利整合者（Defensive Patent Aggregator），或者称为 DPA，它们通过整合专利使得专利远离敌对公司的控制。专利池管理机构通常并不会被认为是一个整合者，但事实上，专利池是对专利的一种整合。同样地，当一家单独的企业或者实体"整合"专利时，不管出于什么原因，这家企业通常并不会被认为是一个"整合者"，尽管事实上这家公司正在扮演整合者的角色。请参阅自卫型专利整合者、DPA、非实施实体、NPE 以及专利池。

BCP：是"生物技术，化学和医药"（Biotechnology, Chemical, and Pharmaceutical）的首字母缩写，代表着基于应用化学和生物学的 3 个技术领域，从根本上与 ICT 是不同的。这些领域有时也被称为"变幻莫测的艺术"。纳米技术，在某种程度上可能会被化学过程所控制，因此可能属于 BCP 这一组别，或者它也可能被划归为 ICT 组别。请与 ICT 进行比较。

自下而上的预算：请参阅"专利投资的预算"。

权利要求的覆盖范围：一个专利组合的权利要求要形成宽广的覆盖范围，可以通过 2 种方式中的任何一种或同时 2 种方式达到。第一，一个专利组合的权利要求可以覆盖一个单独创新点的一系列具体体现或实施。这可能被称为一个单独创新点的"权利要求组合"，其中包含，例如结构权利要求、方法权利要求、硬件权利要求、软件权利要求以及其他权利要求。第二，一个专利组合的权利要求可以覆盖许多项创新点，但所有的创新点都与同一个主题相关。第一章中所讨论的富士胶片株式会社就是一个例子。覆盖范围是由专利组合中各件专利的独立权利要求的范围形成的，而"覆盖深度"则是由从属权利要求

● 包含首字母缩略词。

设置的。请与"权利要求的覆盖深度"进行比较。

突破性专利：请参阅根据价值贡献划分的专利类型。

专利投资的预算：对专利投资进行预算通常所使用的方法至少有 4 种，其中最后一种方法是对其他方法中的两种或两种以上的组合。

自上而下的预算：在这种方法中，一家公司首先决定将要用于专利活动的总预算。然后这家企业将用于专利的预算额在特定的国家间进行分配，用于覆盖特定的产品或服务，并且可能会根据一般技术领域进行分配。最初的预算可能是由相比于其他活动，企业对可用于专利活动总金额的看法所决定的，或者由被企业认为有必要用来保护其产品和服务的金额所决定的，或者由保护企业免受竞争对手攻击的必需的金额所决定的。可能会使用到一些正式的基准测量方法，但也可能不会用到。尽管自上而下的预算方法可能是专利投资预算的各种方法中最不科学的一种，然而却经常被使用。

自下而上的预算：在这种方法中，一家公司首先决定需要进行什么类型的专利活动，然后再决定并分配资源来满足这些需要。该方法可能是基于将要被提交并审查专利申请的数量，或者基于将要获得专利的数量，或者同时基于这两者。该方法将有可能会根据特定的国家、特定的商品或服务，也可能根据特定的技术领域来包括专利活动。在这种方法中，成本根本不是一个要素。使用该方法最纯粹形式的做法并不常见，但这种方法的改良形式却被频繁用来识别、优先处理以及资助企业认为是其最重要的具有优先权利的专利活动。

竞争性的预算方法：正如名称所暗示的，这种方法关注紧密的竞争者们的专利活动，并且尝试以一种最适合公司整体战略的方式满足竞争活动。该方法的目标是达到一种可以被公司接受的竞争性专利地位，而无论是防御型的还是侵略型的专利地位。当使用这种方法时，竞争性的基准是非常重要的。企业首先要确定与其最相关的竞争者，然后研究这些竞争者已经公布的专利成果（很可能还会连同这些竞争者的财务信息一起研究），为专利投资生成一个竞争性基准，最后为自己的专利活动形成一个预算。

混合预算：该方法是对成本、成果以及竞争地位的一种混合，来决定企业专利活动的预算。从实际角度出发，公司所做的每一项投资都一定会与成果、成本以及竞争地位相关。完全只关注某一个方面而完全排除另外两个因素是不现实的。

必须达到某种程度上的平衡，而混合预算方法则是达到这种平衡的一种方式。尽管最初的关注点可能是 3 个要素中其中的一个，但预算过程是迭代的，以便于最终能产生公司认为合适的 3 个要素各自的权重。在某种意义上来说，每一个预算过程都是一种混合，因为企业必须一直进行这个过程。在最简单的方式中，混合预算方法尝试分配给每一个要素大概均等的权重，而不是强调或者不强调其中的任何一个要素。在其变通的方式中，相比于明显地不重视其他的要素，可能更会强调一个或两个要素。例如：①竞争这一要素可能会被轻视，当企业寻求已知需求与已知可以获得的资源之间的平衡时；或者②企业的唯一目标可能是应对竞争，所以预算将根据一个竞争性基准进行设定；或者③企业可能寻求实施一种侵略型的专利战略，所以目标成果这一要素比其他的要素拥有更重要的地位。

一件专利被另一件专利引用：被一件专利"引用"是当一件专利提及另一件专利时会发生的事。某一件特定专利的评估人员通常会对下述两项中的任何一项或同时对下述两项作出评论：①该专利引用早期专利的数量（被称为"反向"引用或者"后向"引用）；②该专利收到的引用数量（被称为"前向"引用，因为它们在时间上处于被引专利的前方）。

假定有两件专利，X专利在时间上更早一些，Y专利在时间上较为靠后。Y专利引用了X专利。因此，Y专利已经对X专利作了"后向引用"（也被称为"反向引用"），为什么呢？因为Y专利正在引用时间较早的专利。同样，在这一相同的引用中，X专利已经收到了来自Y专利的"前向引用"，因为这个引用在时间上处于X专利的前方。

如果一家单独的企业或者实体同时拥有专利X和专利Y，那么这个引用就是一件专利Y的"后向自引"，或者对于专利X来说是一种"前向自引"。相反，如果专利X和专利Y隶属于不同的实体，那么这个引用就是专利Y的"后向它引"，或者对于专利X来说是"前向它引"。

权利要求组合：判断一组专利（比如说一个专利组合）的质量的一种方法是观察是否存在"权利要求组合"，有时也称为"权利要求多样性"。有许多不同形式的"权利要求组合"。在一个专利组合中，这常常意味着一部分高质量专利和许多中等到较低水平质量专利的平衡。"权利要求组合"也可能意味着在一件专利或一个专利组合中权利要求的类型，例如结构权利要求和方法权利要求之间的组合、"客户端"权利要求和"服务器端"权利要求之间的组合，"硬件权利要求"和"软件权利要求"之间的组合以及其他组合等。这些类型的组合通常更多地被用于一件专利或者一小群专利的权利要求中，但也可以适用于整个专利组合。通常，更强的"组合"或者"多样性"意味着专利组合在其权利要求有效性以及权利要求覆盖范围上更加强大。一个专利组合中更为强大的权利要求组合通常和该专利组合更高的质量以及更大的价值直接相关，原因包括以下几个：①因为该专利组合可能捕捉到和同一发明有关的众多发明构想；②因为每一个发明构想可以各种不同的方式被捕获；③因为权利要求的整个覆盖范围可以更大，该覆盖范围是通过发明构想的数量以及每个发明构想的覆盖面所展现的；④因为专利组合中的权利要求更加能够抵御庭审中的失效问题——即，权利要求有效性更加强大；⑤因为最终，在多件专利中的强大权利要求组合将增加创造"专利丛林"的机会，专利丛林为专利持有者提供了非常强势的地位。也可参阅客户端权利要求、从属权利要求、独立权利要求、专利丛林、服务器端权利要求以及 VSD。

权利要求并列：这是一种特殊类型的权利要求组合。在这种组合中，一个单独的创新点被众多类型的权利要求所保护，并且这个组合是通过在同一专利的方法、仪器以及零件的权利要求中使用相同的权利要求结构以及相同的权利要求术语。如果做法得当，权利要求并列会为一个单独的创新点提供非常强大的保护。然而，权利要求并列要求在各种不同类型的权利要求中使用相同的术语。如果使用了不同的术语，就失去了并列，并且不会获得最大程度的保护。

客户端权利要求：大多数通信系统都有一个"客户端"——有时被称为"用户端""用户站点""移动台"等，以及一个"服务器端"。对于 ICT 领域的系统以及方法的权利要求来说，至关重要的是了解权利要求中的每一项特征是属于客户端的还是服务器端的。在专利法中有一个法则：对一个专利权利要求的直接侵犯要求仅仅有一方（而非两方）执行了权利要求中的所有特征。如果一项权利要求中同时包含了客户端和服务器端的特征，这项权利要求就违反了这一法则，因此存在不能实施的风险。请与"服务器端权利要求"进行比较。

竞争性的预算：请参阅"专利投资的预算"。

培养专利：这是一家企业或者其他实体将发明转换为专利的 3 个过程中的其中之一。在培养专利的过程中，企业或者实体会有意地开发它认为是技术"突破"的发明构想并形成专利。培养是一个有计划的过程，在这一过程中，最显著的角色被专利占据了。专利可能还会伴随着研发，而研发通常都是跟随专利步伐的，并且和专利一起可能会成为企业内一项新业务的基础。在某种形式的培养中，没有研发，或者研发是极少的。在这种形式中，企业的目的可能是侵略性的（从专利中赚钱），或者防御性的（阻止其他人针对某一市场获取并主张专利）。在本书中，培养专利被称为"模式 3"，是各个实体创建专利组合的最新形式。请与"积累专利"以及"匹配专利"进行比较。

自卫型专利整合者（Defensive Patent Aggregator，DPA）：是指一家企业或其他实体，它们整合专利主要是为了让专利远离潜在敌对方的控制。请参阅"整合者"。请与"非实施实体"进行比较。

从属权利要求：一项"从属权利要求"是指依赖于一项之前权利要求项

的权利要求。每一项从属权利要求将会在最开始提到之前的权利要求。例如，"2. 权利要求1，进一步包含——"是从属权利要求第2项，该项从属权利要求引用于之前的第1项权利要求。一项从属权利要求包含被引用的权利要求中的所有特征，再加上从属权利要求中的附加特征。从属权利要求的范围必然比它所引用的权利要求的范围要窄。从属权利要求从来不活跃，即在实际中它并不起作用，除非它所引用的权利要求已经被宣布无效或者无法实施。请与"独立权利要求"进行比较。

权利要求的覆盖深度： 在多大程度上，一件专利，或者一个专利组合可能会失去其独立权利要求，但仍然能通过其从属权利要求保留良好的覆盖范围。在每件专利中，权利要求的覆盖范围是由其独立权利要求所决定的。同样地，一个专利组合的覆盖范围是由组合中专利的独立权利要求所决定的。如果独立权利要求从来不会被美国专利商标局，或者法院，或者美国国际贸易委员会宣布无效，那么一件专利中唯一的权利要求应该就是其独立权利要求。然而，在现实世界中，独立权利要求有时候会无效。因此，专利中包含从属权利要求，它们在独立权利要求变得无效时会活跃起来。这些从属权利要求给予专利或者专利组合覆盖的深度，意味着专利或者专利组合在独立权利要求已经无效时维持其覆盖范围的相对强度。请与"权利要求的覆盖范围"进行比较。

侵权的可发现性： 也被称为"侵权的可检测性"。请参阅 VSD。

DPA： "自卫型专利整合者"的首字母缩写。

积累专利： 这是一家企业或者其他实体将发明转换为专利的3个过程中的其中之一。在积累阶段，企业或实体将恰巧突然出现的发明构想转化为专利。积累的过程是偶然的而非计划好的。在本书中，培养专利被称为专利生成的第1种模式，有可能也是创造专利的最古老的方法。请与"培养专利"以及"匹配专利"进行比较。

混合运算： 请参阅"专利投资的预算"。

ICT： 是"信息、通信和技术"（Information & Communication Technology）的首字母缩写。专利通常以电子的或机械的结构或方法为主要特征，并倾向于以应用物理学为基础。这一分类包含计算机、电子以及通信系统，包括硬件和软件。这一分类同时也包含机械专利以及医疗器械专利（例如移植、器具）。材料学专利，特别是那些关于纳米技术的专利，有时也被归类为ICT领域。请与 BCP 进行比较。

独立权利要求： 一项并不依赖于任何之前权利要求的权利要求被称为是"独立的"。一项独立权利要求将不会涉及之前的权利要求。一项独立权利要求仅仅包含该权利要求自身的特征。当撰写正确时，会包含一个单独的创新点，但每个创新点可以通过多项独立权利要求来表示。请与"从属权利要求"进行比较。

创新构想：请参阅"创新点"。

发明构想：请参阅"创新点"。

庞大的申请：请参阅"专利申请的类型"。

匹配专利：这是一家企业或者其他实体将发明转换为专利的 3 个过程中的其中之一。在匹配阶段，企业或实体有意开发与其研发努力相匹配的构想，并将其发展成专利。匹配是一个有计划的过程，在这个过程中，主要的角色是研发而非专利。在本书中，匹配专利被称为"模式 2"，并且这是一个由来已久的被企业用来创建专利组合用以支持研发努力的过程。请与"培养专利"和"积累专利"进行比较。

专利审查程序手册（Manual of Patent Examining Procedure，MPEP）：是由美国专利商标局发布的一个长篇手册，描述了在美国的专利申请审查中所用到的所有法律法规。有时也被称为"专利审查员的圣经"，但该手册也广泛地被专利律师和专利代理人所使用。截至 2014 年 3 月，MPEP 的第 9 版已经出版并生效。

MPEP："专利审查程序手册"的首字母缩写。

方法权利要求：这是一种描述做某事的方式或者实现某件事的方式的专利权利要求。一件专利中所提到的每个方法通过一种或更多的结构来执行，这在专利中可以被称为"结构权利要求"。请与"结构权利要求"进行比较。

非实施实体：是指一家企业或者其他实体，它们整合专利主要是为了在许可以及诉讼项目中主张专利权利，应对可能的侵权者。这个实体是"非实施的"，从这个意义上来说是指该实体并不真正地履行专利中的方法或生产产品，而这些才是被整合的专利的主题。"非实施实体"这个术语是中性的。拥有同样概念的贬义词是"专利流氓"。请参阅"整合者"。请与"自卫型专利整合者"进行比较。

非临时申请（Non - Provisional Application，NPA）：请参阅"专利申请的类型"。

NPA："非临时申请"的首字母缩写。请参阅"专利申请的类型"。

NPE："非实施实体"（Non - Practicing Entity）的首字母缩写。

并列：请参阅"权利要求并列"。

专利活动强度：是对一家企业或实体在专利上的投资程度的度量。一种测量专利活动强度的方式是对在一段时间内投资于专利的资源与同一段时间内在研发上的总投资进行比较。专利活动强度体现了一个实体对专利的经济承诺的一个方面，这点可以反映在下述方程中：（研发强度）×（专利活动强度）=（研发投资额/收入）×（专利投资额/研发投资额）=（专利投资额/收入）。请与"研发强度"进行比较。

专利族：是指通过一连串优先权而全部相关的一组专利项目。最典型的是，有一件单独的申请作为众多继续申请的"父亲"。通过这件如父亲般的专利申请，所有专利都声称获得了优先权。非常常见的是，这件父亲般的专利申请也是一件"爷爷"般的专利申请，后续继续衍生的专利申请都来源于继续申请。对于可以依赖原始专利申请衍生多少代专利，并没有数量上的限制。这样一组专利项目中的所有专利申请都被认为是同一个专利族中的一部分。另外，如果专利项目是在多个国家进行的，它们也被认为是同一个专利族中的一部分，只要都享有共同的一连串优先权。

专利项目：正如在本书中所用到的，一个"专利项目"要么是一件已授权专利，要么是一件未决的专利申请。在本书中有几处提及了"专利项目"，意思是一家特定企业的所有的专利以及专利申请。

专利池：多件专利，被众多竞争者们持有并整合成为一组单独的专利以便于联合授权或者诉讼，这样的一组专利被描述为处于一个专利池中。一个专利池通常是围绕一个书面的技术标准所形成的，并且被允许进入到池中的专利，依照法规，一定是对这个标准的实施来说"必要"的专利。因为在由技术和法律专家评估决定一件专利确实对于标准来说是"必要的"之后，该专利才进入专利池，因此，在专利池中出现是一件专利具有潜在价值的一个表现。

专利组合：由两个或者更多专利项目（意思是专利以及/或者专利申请）组成的一组或者一系列专利。这些专利项目由同一实体所拥有或者控制，并且这些专利是"相关的"——从这个意义上来说，它们是指向同一个技术主题或者同一个技术问题的。有些人运用"专利组合"这一术语来表征隶属于同一家企业的所有的专利以及专利申请，无论这些专利项目是否是关于某一个或多个主题或问题的。然而，如果专利项目是与多个主题或问题相关的，更确切的说法应该是该企业拥有多个专利组合。

专利战略：是指由一家企业规划的，用来支持其企业战略的专利目标成果以及目标投资。"成果"包含将要在特定的地理区域、特定的时间范围内获得预期的专利以及专利申请。专利和专利申请可能通过将企业内部的构想来获得，或者通过从外部来源购买来获得。一个好的专利战略将能够支持整体的企业战略。

专利丛林：是一种能够为专利持有者创造巨大价值，并为竞争者制造重大问题的专利组合。一组专利一起运作来保护同一发明的各个方面。通常，专利丛林是由一家企业持有并管理的，但也可能由一个单独的实体管理（并且并不被该实体持有），例如由一家专利池管理机构管理或者由一家非实施实体或自卫型专利整合者管理。专利池、非实施实体整合以及自卫型专利整合者整合在行业内通常不被认为是"专利丛林"，但事实上它们正是。请参阅"整合者""自卫型专利整合者""非实施实体"以及"专利池"。

创新点（Point of Novelty，PON）：是指权利要求中具有新颖性的部分，是专利审查员在审查一项特定的专利权利要求时会考虑的部分。在每一项独立的权利要求中，都应该有一个单独的创新点。一项权利要求可能会包含许多个创新点，但如果是这样的话，权利要求的保护范围会缩窄，会比它可能应该的范围要窄。在专利审查过程中，这样的情况有时会发生，专利局将会准许一项包含申请人计划或者期待的创新点的权利要求。然而，最终每项专利权利要求必须至少包含一个创新点。一件单独的专利可以仅仅覆盖一项发明，但这项发明可以拥有众多创新点，因此这个专利可能就会拥有众多的创新点。创新点有时被称为"创新构想"或者"发明构想"，只要不被混淆，这些术语都是可以接受的。在一件单独的专利中可能有众多的创新，所有这些创新都是和整体的发明有关的。

PON："创新点"的首字母缩写。

PPA："临时专利申请"（Provisional Patent Application）的首字母缩写。请参阅"专利申请的类型"。

临时专利申请（PPA）：通常被简单地称为"临时的"。请参阅"专利申请的类型"。

研发强度：这是对一家企业或实体在研发上的投资程度的度量。一种测量研发强度的方式是将在一段时间内投资于研发的资源与同一段时间内企业所产生的总收益进行比较。研发强度体现了一个实体对研发的财力投入承诺的一个方面，这点可以反映在下述方程中：（研发强度）×（专利活动强度）=（研发投资额/收入）×（专利投资额/研发投资额）=（专利投资额/收入）。请与"专利活动强度"进行比较。

权利要求的覆盖范围：请参阅"VSD"。

重大专利：请参阅"根据价值贡献划分的专利类型"。

服务器端权利要求：大部分通信系统都有"客户端"和"服务器端"，后者有时也被称为"头端""网络运营中心"以及"网络控制"等。对于ICT领域的系统以及方法的权利要求来说，至关重要的是了解权利要求中的每一项特征是属于客户端的还是服务器端的。在专利法中有一个法则：对一个专利权利要求的直接侵犯必须为仅仅有一方（而非两方）执行了权利要求中的所有特征。如果一项权利要求中同时包含了客户端特征和服务器端特征，这项权利要求就违反了这一法则，因此存在不能实施的风险。请与"客户端权利要求"进行比较。

结构权利要求：这是一项表现对实体项目或要素的特定安排的专利权利要求。结构权利要求的类型分为几种，包括系统权利要求、产品权利要求（有时被称为"机器"或"设备"权利要求）以及产品零件权利要求（例如电路，组件等）。一件专利中所提到的结构可以支持一种或多种方法，这在专利中可能会被称为"方法权利要求"。请与"方法权利要求"进行比较。

支持专利：请参阅"根据价值贡献划分的专利类型"。

技术拐点（Technology Inflection Point，TIP）：是指一项特定技术中发生的重大变革。在某些情况下，借助技术拐点可能能够预测变革可能在哪里发生以及变革有可能是什么。重大变革会发生在：①一项方法上的变革可以消除或减轻一个主要的弱点或瓶颈，因此对于现有技术的表现产生重大影响；②一个全新的技术取代了旧的技术，产生巨大影响——这有时被称为"范式转变"。

TIP："技术拐点"的首字母缩写。

自上而下的预算：请参阅"专利投资的预算"。

专利申请的类型

庞大的申请：是指在书面描述中至少包含 2 项，并且可能远远超过 2 项发明的专利申请。进行一件庞大的申请的目的是使发明进入申请流程，随后这些发明可能会在多件非临时申请中继续进行，而这些继续进行的申请将保留原始申请的较早优先权日。提交一件庞大的申请，其中描述了许多项发明，但并不是所有的发明都会形成权利要求，这个技巧被用来创建一个大的专利组合，为其中的所有专利项目保留一个较早的优先权日。

值得注意的是，至少存在两个关于"庞大的申请"的替代定义，这两种定义在本书中都没有被涉及。这两种定义的内容如下：

（1）一件拥有冗长书面描述的专利。《专利审查程序手册》608.01 段落 6.31 提到"这一段适用于所谓的'庞大的申请'（超过 20 页，不包括权利要求书）"。❶

（2）一件非临时申请中包含至少 20 项权利要求。庞大的申请减少主要是

---

❶　[EB/OL]　[2014 - 11 - 15]．http：//www. uspto. gov/web/offices/pac/mpep/s608. html.

因为从 2004 年开始的费用增加导致申请大量的权利要求的成本过高。❶

在本书中，笔者既不是指书面描述的页数，也不是指权利要求的数量。在这里我仅仅是指专利中有意包含了多项发明。专利的书面描述可能写了远远超过 20 页，但并不是笔者所指的"庞大的申请"的必要条件。专利申请也可能包含了超过 20 项的权利要求，但那当然不是一个必要条件，事实上还妨碍了提交申请以为诸多的发明获得较早的优先权日的意图，反而将相关事务推迟到较晚提交的继续申请中。

非临时申请（Non – Provisional Application，NPA）：这是一种普通的申请，遵照美国专利商标局普通申请的标准规则。这种申请是当人们提到"专利申请"时通常所指的申请。这类申请必须遵循美国专利商标局的正式规则，并且承担提交一项普通申请所需要的标准费用。"非临时申请"这一术语包含了最先提交的普通申请、继续申请、部分继续申请以及分案申请。请与"临时专利申请"进行比较。

临时专利申请（Provisional Patent Application，PPA）：这是一种仅仅在美国存在的特殊形式的专利申请。专利申请人必须提交材料作为申请的一部分，但并没有正式的规则规定必须提交什么材料或者材料可以何种形式提交。相比提交非临时申请的类似费用，临时专利申请的申请费大幅度下降。临时专利申请从提交申请日开始仅仅一年内有效。如果在一年期限之内基于临时专利申请提交了非临时申请，那么非临时申请可以将临时专利申请提交时的日期作为优先权日。如果在一年期限之内没有提交非临时申请，那么临时专利申请在一年结束时自动失效，美国专利商标局不会进行任何公布。一件临时专利申请不会成为一件专利，但是可以为后续提交的可能获得专利的非临时申请提供一个优先权日。请与"非临时申请"进行比较。

根据价值贡献划分的专利类型

突破性专利：是指真正覆盖了一项独一无二的发明的专利。它有可能表现为一个行业中的范式转变，甚至是创造了一个全新的行业。一件突破性专利通常会覆盖或描述一个技术拐点。一件突破性专利的价值并不主要来源于它在一个专利组合中的地位，而是来源于其本身的主题。突破性专利可以为专利组合增加巨大的价值，但非常少见。有许多专利组合——甚至包括许多卓越的专利

❶ CROUCH D. Jumbo Patents on the Decline [EB/OL]. (2014 – 01 – 17) [2014 – 11 – 15]. http://patentlyo.com/patent/2014/01/jumbo – patents – on – the – decline.html.

组合——都没有包含任何突破性专利。

重大专利：是指高价值专利中的一种，其可能形成一个卓越专利组合的基础。一件"重大专利"具有一定的特性，使其在某一特定的行业中变得非常重要。这些特性包括如下内容：

①较早的优先权日；②许许多多的前向它引；③解决了一个主要的技术问题或者对某一个技术领域贡献巨大；④保护范围足够宽泛，可以覆盖相当规模的市场。

重大专利并不常见，但并不像突破性专利那样少见。既然根据定义，一件重大专利会覆盖一个大规模的市场，那么它必然能创造巨大的价值。请与"突破性专利"以及"非常有价值的专利"进行比较。

非常有价值的专利：是指在一项 VSD 分析中被高度评价的专利，但是其因为这样或那样的原因而并没有升级到"重大专利"这样的水平（可能是因为它缺乏强大的前向它引）。特别是，一件非常有价值的专利就像一项重大专利一样，也覆盖了一个大规模的市场。这意味着有可能存在对该专利的重大侵权。突破性专利、重大专利以及非常有价值的专利加在一起，有可能仅仅构成一个大专利组合的 1%，但却可能产生专利组合财务价值的 50% 以上。请参阅"重大专利"。

有价值的专利：是指存在一定的对其的侵权，或者有望在不久的将来出现对其的侵权，但是并没有达到"非常有价值的专利"这一标准的专利（当然也没有达到"重大专利"或者"突破性专利"的标准）。一件有价值的专利会增加价值，特别是当它成为专利组合的一部分的时候。就专利本身而言，这样的一个专利可能容易受到规避设计的影响，或者权利要求的有效性易受攻击，或者受到潜在侵权者想要逃避责任的其他活动的伤害。有价值的专利在一个典型的专利组合中可能占据专利总数量的 10%（或者比如说专利组合所有专利的 5%～15%）。这样的专利会增加专利组合的价值，但不会超过专利组合总价值的一半。

支持专利：是指一个专利，其作为专利组合的一部分时，可能会也可能不会增加该专利组合的价值，但几乎一定不会只凭自身就为该专利组合添加价值。这类专利可能会也可能不会在现在或者将来被侵权。它可能覆盖了一个系统、产品或方法的一项相对较小或者不太重要的特征，或者也可能很容易地被潜在侵权者规避设计。在几乎所有规模巨大的专利组合中，支持专利将构成专利组合的绝大部分——可能是专利组合的所有专利的 90% 之多。这些专利仅仅能为专利组合增加较小的价值，但当出现人们通过比较专利组合的相对规模来估计专利组合相对价值的情况时，这些专利是有用的。

权利要求的有效性：请参阅 VSD。

有价值的专利：请参阅"根据价值贡献划分的专利类型"。

非常有价值的专利：请参阅"根据价值贡献划分的专利类型"。

VSD："权利要求的有效性、权利要求的覆盖范围、侵权的可发现性（或者侵权的可检测性）"的首字母缩写（Validity of claim, Scope of claim coverage, and Discoverability/Detectability）。一项单独的权利要求的实力具体依赖 3 个要素：①该项权利要求在法庭上是否将有效；②在多大程度上这项权利要求会在现在或将来被侵权；③专利持有者发现（或者检测）权利要求侵权的能力。同样地，整件专利的实力依赖于所有权利要求的有效性，权利要求的覆盖范围以及发现侵权的能力。同样地，整个专利组合的实力依赖于专利组合中专利的权利要求的有效性，所有专利的所有权利要求的市场覆盖范围，以及发现专利组合中各个权利要求被侵权的能力。当专业的评审员评估一件单独的专利或一个专利组合时，他们通常会考虑 VSD 中的这 3 个要素。请参阅"专利组合"。

参考文献[1]

Adobe Systems, Incorporated, Form 10 - K Report for 2011, available at *http://www. adobe. com/aboutadobe/invrelations/pdfs/FY11_10 - K_FINAL_Certified. pdf.*

Alice Corporation v. CLS Bank, slip opinion 13 - 298, 573 US ____ (decided June 19, 2014).

Argento, Zoe, "Killing the Goose, The Dangers of Strengthening Domestic Trade Secrets in Response to CyberMisappropriations", 16 Yale Journal of Law & Technology 172 - 235 (2014), available at *http://yjolt. org/sites/default/files/KillingTheGoldenGoose. pdf.*

Battelle Memorial Institute, "2014 Global R&D Funding Forecast", December, 2013, available at *https://www. rdmag. com/sites/rdmag. com/files/gff* - 2014 - 5_7%20875x10_0. *pdf*
Broadcom Corporation v. Qualcomm, Inc., 543 F. 3d 683 (Fed. Cir. 2008).

Broadcom Corporation v. Qualcomm Incorporated, "In the Matter of Certain Baseband Processor Chips and Chipsets, Transmitter and Receiver (Radio) Chips, Power Control Chips, and Products Containing Same, Including Cellular Telephone Handsets", U. S. International Trade Commission ("ITC") Case No. 337 - TA - 543.

Canada, Government of, "Industry Canada: Aerospace and Defence, Silanis Technology, Inc., Company Information", April 9, 2013, available at *http://www. ic. gc. ca/app/ccc/srch/nvgt. do? lang = eng&prtl = 1&sbPrtl = &estblmntNo = 123456179276&profile = cmpltPrfl&profileId = 2056&app = sold.*

Canadian Advanced Technology Alliance, "Canadian Advanced Security Industry: Industry Profile, 2003", 2003, available at *http://www. cata. ca/files/PDF/pssf/rapport_canada. pdf.*

---

[1] 为方便读者学习研究，参考文献部分直接采用了原文形式。——译者注

Canadian Intellectual Property Office, http://www.cipo.ic.gc.ca/eic/site/cipointernet - interne-topic.nsf/eng/Home.

Classen, H. Ward, "Creating an Intellectual Property Program: The Initial Steps", Webinair of-fered by Innography, Inc., June 24, 2014, available at https://www.innography.com/learn - more/practitioners - guide - to - creating - an - ip - strategy.

Check Point Software Technologies, Ltd., Form 20 - F annual report for 2013, available at http://www.checkpoint.com/downloads/corporate/investor - relations/sec - filings/2013 - 20f.pdf.

Check Point Software Technologies, Ltd., summary of historical financial results for fiscal years 2009 - 2013, http://www.checkpoint.com/corporate/investor - relations/earnings - history/in-dex.html.

CHI Research, Inc., "Small Serial Innovators: The Small Firm Contribution to Technical Change", February 27, 2003, prepared for the U.S. Small Business Administration, Office of Advocacy, available at http://archive.sba.gov/advo/research/rs225tot.pdf.

Crouch, Dennis, "How Many US Patents are In - Force?", PatentlyO Blog, May 4, 2012, available at http://patentlyo.com/patent/2012/05/how - many - us - patents - are - in - force.html.

Crouch, Dennis, "Jumbo Patents on the Decline", PatentlyO Blog, January 17, 2014, available at http://patentlyo.com/patent/2014/01/jumbo - patents - on - the - decline.html.

Crunchbase, "Silanis Technology", http://www.crunchbase.com/organization/silanis - technology.

Electronic Signature & Records Association, membership roster available at www.esignrecords.org/? page = ESRAmembers.

Epperson, Ron (of Intellectual Energy, LLC), and Kassaraba, Myron (of Pluritas, LLC), "Clean Tech Trends — Intellectual Property & Transactions", published in les Nouvelles: Jour-nal of the Licensing Executives Society, June, 2014, at pp.88 - 95. See also Totaro & Associ-ates.

Free Patents Online, www.freepatentsonline.com. Extensive database of patents and applications in the United States, Europe, Germany, and Japan, as well as PCT international applications.

Fuji Photo Film Co. , Ltd. v. Achiever Industries, Ltd. (and twenty – six other defendants), "In the Matter of Certain Lens – Fitted Film Packages", U. S. International Trade Commission ("ITC") Case No. 337 – TA – 406.

Fuji Photo Film Co. , Ltd. , v. Jazz Photo Corp. et al. , 394 F. 3d 1368 (Fed. Cir. 2005).

G2Crowd, performance grid for Adobe EchoSign, AssureSign, DocuSign, RightSignature, Sertifi, and Silanis e – SignLive, available at *https: //www. g2crowd. com/categories/e – signature.*

Garat, Renaud (of Questel IP Business Intelligence), "PATENT EVALUATION: Building the tools to extract and unveil intelligence and value from patent data", presentation at LES Moscow, May, 2014, available at *http: //les* 2014. *org/bundles/files/presentation/W*23 _ *Garat. pdf.*

Garnick, Coral, "DocuSign gets $ 85 million more in investments", The Seattle Times, March 4, 2014, available at *http: //seattletimes. com/html/businesstechnology/2023044164_docusign-fundingxml. html.*

Gertner, Jon, *The Idea Factory: Bell Labs and the Great Age of American Innovation,* (Penguin Press, New York, 2012).

Goldstein, Larry M. , *Litigation – Proof Patents: Avoiding the Most Common Patent Mistakes,* (True Value Press, Memphis, Tennessee, 2014).

Goldstein, Larry M. , *True Patent Value: Defining Quality in Patents and Patent Portfolios,* (True Value Press, Memphis, Tennessee, 2013).

Goldstein, Larry M. , and Kearsey, Brian N. , *Technology Patent Licensing: An International Reference on* 21st *Century Patent Licensing, Patent Pools and Patent Platforms,* (Aspatore Books, a division of Thomson Reuters, Boston, Massachusetts, 2004).

Green, Jay, and Shankland, Stephen, "Why Microsoft spent $ 1 billion on AOL's patents", CNET, April 9, 2012, available at *http: //www. cnet. com/news/why – microsoft – spent – 1 – billion – on – aols – patents/.*

Hallenbeck, Jim, "The Nortel Six — $ 4. 5 Billion Peace of Mind?", Patents4Software Blog,

July 18，2011，available at *http：//www. patents4software. com/2011/07/the – nortel – six – %E2%80%93 – 4 – 5 – billion – peace – of – mind/.*

Hardiman，Jean Tarbett，"3 – D printing creates custom knee replacements"，The Washington Post，August 23，2014，available at *http：//www. washingtontimes. com/news/2014/aug/23/3 – d – printing – creates – custom – knee – replacements/? page = all.*

Hicks，Dianna，and Hegde，Deepak，"Highly innovative small firms in the markets for technology"，Georgia Tech Research Corporation，2005，available at *https：//smartech. gatech. edu/bitstream/handle/*1853/24060/*wp4. pdf.*

IEEE Spectrum Patent Power Scorecards. For 2013，http：//spectrum. ieee. org/at – work/innovation/patent – power – 2013，and for 2012，*http：//spectrum. ieee. org/at – work/innovation/patent – power – 2012.*

IFI Claims© Patent Services，"IFI CLAIMS ® 2013 Top 50 US Patent Assignees"，January 16，2014，available at *http：//www. ificlaims. com/index. php? page = misc_top_50_2013&keep_session = 1800844745.*

Inquisitr，"Samsung Claims Juror Bias in Apple Patent Lawsuit"，November 9，2012，available at *http：//www. inquisitr. com/393177/samsung – claims – juror – bias – in – apple – patentlawsuit/.*

Intellectual Asset Magazine Blog，"Google's evolution from IP refusenik to major patent owner continues"，June 10，2014，available at *http：//www. iam – magazine. com/blog/detail. aspx? g = 963240a0 – e700 – 4a99 – a676 – c34e00f00c79.*

Intellectual Property Owners Association，"Top 300 Organizations Granted Patents in 2013"，June 6，2014，available at *http：//www. ipo. org/wp – content/uploads/2014/06/2013 – Top – 300 – Patent – Owners_5. 9. 14. pdf.*

Krassenstein，Eddie，"Man Compares His ＄42，000 Prosthetic Hand to a ＄50 3D Printed Cyborg Beast"，3DPrint. com，April 20，2014，available at *http：//3dprint. com/2438/.*

Le Clair，Craig，"The Forrester Wave™：E – Signatures，Q2 2013"，Forrester Research，April29，2013，available at *https：//274a0e7125acf05720ef – 7801faf96de03497e5e0b3dfa5691096. ssl. cf2. rackcdn. com/ForresterWaveeSignature. pdf.*

Lincoln, Abraham, "Lecture on Discoveries and Inventions", delivered April 6, 1858, in Bloomington, Illinois, available at *http: //www. abrahamlincolnonline. org/lincoln/speeches/discoveries. htm.*

Matsumoto, Craig, "Broadcom Picks a Peck of Patents", LightReading, December 26, 2002, available at *http: //www. lightreading. com/ethernet – ip/broadcom – picks – a – peck – of – patents/d/d – id/*587217.

Merrill, Stephen A. , Levin, Richard C. , and Myers, Mark B. , editors, "*A Patent System for the 21st Century*", National Academies Press (2014).

Millstein, Seth, "3D – Printed Robot Self – Assembles When Heated, So the Robot Apocalypse Just Became Inevitable", Bustle. com, May 26, 2014, *www. digitaltrends. com/cool – tech/mit – researchers – developed – 3d – robots – self – assemble – heated/.*

Mitra, Sramana, "How to Build a Strong IP Portfolio: RPost CEO Zafar Khan", September 28, 2011, and particularly Part 5, available at *http: //www. sramanamitra. com/*2011/09/26/*how – to – builda – strong – ip – portfolio – RPost – ceo – zafar – khan – part –*5/.

Parchomovsky, Gideon, and Wagner, R. Polk, "Patent Portfolios", University of Pennsylvania Law Review, Vol. 154. , No. 1, pp. 1 – 77 (2005), available at *http: //papers. ssrn. com/sol3/papers. cfm? abstract_id =* 582201.

Paris Convention for the Protection of Industrial Property (1883).

Patent Cooperation Treaty (1970).

Peplow, Mark, "Cheap battery stores energy for a rainy day," Nature. com, January 8, 2014, available at *http: //www. nature. com/news/cheap – battery – stores – energy – for – a – rainy – day –* 1. 14486.

Qualcomm 10 – K annual reports, available at http: //investor. qualcomm. com/sec. cfm? DocType = annual.

Quinn, Gene, The Cost of Obtaining a Patent in the US", IPWatchdog, January 28, 2011, available at *http: //www. ipwatchdog. com/*2011/01/28/*the – cost – of – obtaining – patent/id =* 14668/.

Randewich, Noel, "Qualcomm CEO see opportunity in data center server market," Reuters, January 6, 2014, available at *http: //www. reuters. com/article/2014/01/06/us – ces – qualcom-midUSBREA0510U20140106.*

Rothwell, Jonathan, Lobo, José, Strumsky, Deborah, and Muro, Mark, "Patent Prosperity: Invention and Economic Performance in the United States and its Metropolitan Areas", Brookings Institution, February, 2013, available at *http: //www. brookings. edu/ ~ /media/research/files/reports/2013/02/patenting% 20prosperity% 20rothwell/patenting% 20prosperity% 20rothwell. pdf.*

RPost Holdings, Inc. , www. RPost. com, and especially the list of infringement actions at *http: //www. RPost. com/about – RPost/intellectual – property/infringement – actions.*

RPX Corporation, Registration Statement (Form S – 1), (Sept. 2, 2011), *http: //www. sec. gov/Archives/edgar/data/1509432/000119 312511240287/ ds1. htm.*

Schmidt, Robert N. , Jacobus, Heidi, and Glover, Jere W. , "Why 'Patent Reform' Harms Small Business", IPWatchdog® , April 25, 2014, available at *http: //www. ipwatchdog. com/2014/04/25/why – patent – reform – harms – innovative – small – businesses/id =49260/.*

Silanis International, "Silanis Intl Ltd SNS Interim Results" for the first half of 2012, September 5, 2012, Bloomberg News, available at *http: //www. bloomberg. com/bb/newsarchive/aOmgOCN6MNdg. html.*

Statute of Monopolies (1624).

Takahasi, Dean, "IBM reveals its top five innovation prediction for the next five years", VB News, December 16, 2013, available at *http: //venturebeat. com/2013/12/16/ibm – reveals – its – top –five – predictions –for – the – next –five – years/.*

Talmud, Babylonian, *Tractate Ta'anit*, page 23a.

Totaro & Associates, *http: //www. totaro – associates. com*, a consulting firm with particular expertise in intellectual property within the wind energy industry, cited in Epperson, Ron, and Kassaraba, Myron, "Clean Tech Trends".

Totaro & Associates, "Global Wind Innovation Trends Report: Q3, 2014", parts available at *ht-*

tp：//*media. wix. com/ugd/ba1f58 _536 96aacea22418b8621e386f9963c03. pdf*, or the entire report may be purchased at *http*：//*www. totaro – associates. com/#! landscape/c1qms*.

Totaro & Associates, "Reduction of Cost of Energy Through Innovation", 2013, summarized at *http*：//*www. totaro – associates. com/#! ip – landscape/c1k7h*, and posted in full at *http*：//*media. wix. com/ugd/ba1f58_3e4296160be0621aae30878bdc11c066. pdf*.

Twain, Mark, Life on the Mississippi (1883). Viewed at http：//*www. markwareconsulting. com/miscellaneous/mark – twainon – the – perils – of – extrapolation/*.

United States Code, Title 35, section 101, on subjects that are patentable.

United States Constitution (1787).

United States Design Patents

Des. 345750, "Single use camera", original assignee is Fuji Photo Film Co. of Japan.

Des. 356101, "Single use camera", original assignee is Fuji Photo Film Co. of Japan.

Des. 372722, "Camera", original assignee is Fuji Photo Film Co. of Japan.

United States Patent & Trademark Office, www. uspto. gov. The authoritative source for patents and applications filed in the United States, including prosecution histories, records of assignment, and other information.

United States Patent & Trademark Office, "Fee Schedule", listing the current fees for both patent and trademark applications, available at *http*：//*www. uspto. gov/web/offices/ac/qs/ope/fee 010114. htm*.

United States Patent & Trademark Office, "Jumbo Applications", MPEP 608. 01, Specification, paragraph 6. 31, available at http：// *www. uspto. gov/web/offices/pac/mpep/s608. html*.

United States Patent & Trademark Office, "Patent Rules", listing Rule 1. 27 for "small entity" status and Rule 1. 29 for "micro entity" statues, available at *http*：//*www. uspto. gov/web/offices/pac/mpep/mpep – 9020 – appx – r. html#ar_d1fc9c_19092_1c8*.

United States Patent & Trademark Office, "Performance and Accountability Report Fiscal Year 2013", available at *http：//www. uspto. gov/about/stratplan/ar/USPTOFY2013PAR. pdf.*

United States Patent & Trademark Office, "Performance and Accountability Report fiscal year 2012", available at *http：//www. uspto. gov/about/stratplan/ar/USPTOFY2012PAR. pdf.*

United States Patent & Trademark Office, Patent Technology Monitoring Team ("PTMT"), "U. S. Patent Statistics Chart Calendar Years 1963 – 2013", July 24, 2014, available at *http：//www. uspto. gov/web/offices/ac/ido/oeip/taf/us_stat. htm.*

United States Reexamination Patent RE 34, 168, "Lens – fitted photographic film package", original assignee is Fuji Photo Film Co. , Ltd. , of Japan.

United States Utility Patents

US 6469, "Buoying Vessels Over Shoals", original assignee is Abraham Lincoln.

US 4833495, "Lens – fitted photographic film package", original assignee is Fuji Photo Film Co. , Ltd. , of Japan.

US 4855774, "Lens – fitted photographic film package", original assignee is Fuji Photo Film Co. , Ltd. , of Japan.

US 4884087, "Photographic film package and method of making the same", original assignee is Fuji Photo Film Co. , Ltd. , of Japan.

US 4954857, "Photographic film package and method of making the same", original assignee is Fuji Photo Film Co. , Ltd. , of Japan.

US 4972649, "Photographic film package and method of making the same", original assignee is Fuji Photo Film Co. , Ltd. , of Japan.

US 5063400, "Lens – fitted photographicfilm package", original assignee is Fuji Photo Film Co. , Ltd. , of Japan.

US 5235364, "Lens – fitted photographic film package with flash unit", original assignee is Fuji Photo Film Co. , Ltd. , of Japan.

US 5361111, "Lens – fitted photographic film unit with means preventing unintended actuation of pushbuttons", original assignee is Fuji Photo Film Co. , Ltd. , of Japan.

US 5381200, "Lens – fitted photographic film unit", original assigned is Fuji Photo Film Co. , Ltd. , of Japan.

US 5408288, "Photographicfilm cassette and lens – fitted photographic film unit using the same", original assigned is Fuji Photo Film Co. , Ltd. , of Japan.

US 5436685, "Lens – fitted photographic film unit whose parts can be recycled easily", original assignee is Fuji Photo Film Co. , Ltd. , of Japan.

US 5606609, "Electronic document verification system and method", original assignee is Scientific – Atlanta, subsequently acquired by Silanis Technology.

US 5606668, "System for securing inbound and outbound data packet flow in a computer network", original assignee is Check Point Software Technologies, Ltd.

US 5657317, "Hierarchical communication system using premises", peripheral and vehicular local area networking, original assignee is Norand Corporation, subsequently acquired byBroadcom Corporation.

US 5682379, "Wireless personal local area network", original assignee is Norand Corporation, subsequently acquired by Broadcom Corporation. US 5, 835, 726, "System for securing the flow of and selectively modifying packets in a computer network", originalassignee is Check Point Software Technologies, Ltd.

US 6359872, "Wireless personal local area network", original assignee is Intermec IP Corporation, subsequently acquired by Broadcom Corporation.

US 6374311, "Communication network having a plurality of bridging nodes which transmit a beacon to terminal nodes in power saving state that it has messages awaiting delivery", original assignee is Intermec IP Corporation, subsequently acquired by Broadcom Corporation.

US 6389010, "Hierarchical data collection network supporting packetized voice communications among wireless terminals and telephones", original assignee is Intermec IP Corporation, subsequently acquired by Broadcom Corporation.

US 6583675, "Apparatusand method for phase lock loop gain control using unit current sources", original assignee is Broadcom Corporation.

US 6714983, "Modular, portable data processing terminal for use in a communication network", original assignee is Broadcom Corporation.

US 6847686, "Video encoding device", original assignee is Broadcom Corporation.

Venetian Statute of 1474, also known as the "Venetian Statute on Industrial Brevets (1474)", in which the French word "brevets", short for "brevets d' invention", means literally "certificates of invention", and is translated as "patents".

Ward, Brad, "New Findings Show Foreman Had Bias In The Apple vs Samsung Lawsuit", The Droid Guy, September 26, 2012, available at *http: //thedroidguy. com/2012/09/new – findings – show – foremanhad – bias – in – the – apple – vs – samsung – lawsuit – 37142 # FMLVEe0t0WuZChAp.* 97.

Wikipedia, "Apple Inc. v. Samsung Electronics Co. , Ltd. ", available at *http: //en. wikipedia. org/wiki/Apple_Inc. _v. _Samsung_Electronics_Co. , _Ltd.*

Wikipedia, definition of "patent portfolio", available at *http: //en. wikipedia. org/wiki/Patent_ portfolio.*

表索引

名称和主题索引

说明：本索引的编制格式为原版词汇，中译文，原版页码及脚注序号。